中国大锅菜

The Big-Wok-Made Cuisine of China, South Volume

李建国　主　编

烹饪技术指导　北京大地亿仁餐饮管理有限公司
蜀王优芙得餐饮服务有限公司

U0260559

中国铁道出版社有限公司
CHINA RAILWAY PUBLISHING HOUSE CO., LTD.

图书在版编目（CIP）数据

中国大锅菜·南方卷／李建国主编．— 北京：中国铁道出版社，2018.10（2024.3 重印）

ISBN 978-7-113-24459-0

Ⅰ．①中… Ⅱ．①李… Ⅲ．①菜谱－中国 Ⅳ．①TS972.182

中国版本图书馆 CIP 数据核字(2018)第 095870 号

书　　名：中国大锅菜·南方卷
作　　者：李建国　主编

责任编辑：王淑艳　　编辑部电话：010-51873457　　邮箱：wangsy20008@126.com
封面设计：北京盛通印刷股份有限公司
责任校对：王　杰
责任印制：赵星辰

出版发行：中国铁道出版社（100054，北京市西城区右安门西街 8 号）
网　　址：http://www.tianlugk.com
印　　刷：北京盛通印刷股份有限公司
版　　次：2018 年 10 月第 1 版　　2024 年 3 月第 5 次印刷
开　　本：889mm×1194mm　1/16　印张：13　字数：381 千
书　　号：ISBN 978-7-113-24459-0
定　　价：158.00 元

版权所有　侵权必究

凡购买铁道版图书，如有印制质量问题，请与本社读者服务部联系调换。电话：（010）51873174
打击盗版举报电话：（010）51873659，传真（010）63549480

编委会成员

主　　　编：李建国　孔　健

编委会主任：姜俊贤　孔　健

编委会副主任：丁亚明

副 主 编：丁亚明　朱俊芳　陈定宏　杨克清　罗新燕　马　松　秦良余

参编人员：吴运芝　李冬梅　赵强胜　宣　霞　刘亮发　李　敏　董玉辉
胡少碰　马希莲　邱云龙　袁　松　赵　刚　张宏云　高　宏
王　涛　顾建华　范成群　陈文军　程伟伟　张　军　马　松
秦良余　黄代富　佘向军　张　喻　顾建华　杜　军　史健国
董　梅　李世翠　潘先武　罗时红　陈太伟　李德炯　屠明远
邰　垒　郭　银　吴东兵　阮传林　陈　坤　童道勤　孙成均
朱振亚　胡胜利　徐　宁　陶存贵　李志平　王　刚　孙本元
潘　全　刘志刚　池世明　方成宏　阮贵东　蒋　孙　刘长明
姚先勇　束庆婷　王自刚　刘国富　王先勇　罗　刚　邹太春
杨维领　韩子超　佘瑞艮　刘家韦　詹政宇　席　武　阮仁庆
张　红　喻兆全　郑为传　邵世奎　李　飞　朱世宏　张旭初
王　超　龙万军　霍浜虎　寇士伟　刘建其　李　孟　常　涌

顾　　问：杜广贝　郑绍武　王素明　徐龙

摄影顾问：程前俊　马　飞

摄　　影：马　松

营养指导：首都美食营养保健学会

营养顾问：王旭峰

视　　频：王永东

烹饪技术指导：北京大地亿仁餐饮管理有限公司

序一　兼相爱　交相利

我一直非常欣赏蜀王集团把“兼相爱、交相利”作为企业的处事原则，这与当代“以人为本”的思想有异曲同工之妙。蜀王集团在这种处世原则的影响下，以市场为导向，通过不断地创新改革，挖掘内部潜力，现已发展为一个集团膳、火锅、快餐、食品加工等业务为一体的多元化连锁服务集团。蜀王及相关品牌获得了社会的广泛认可，曾荣获中国餐饮百强企业、中国十大团餐品牌、全国绿色餐饮企业等多项荣誉。

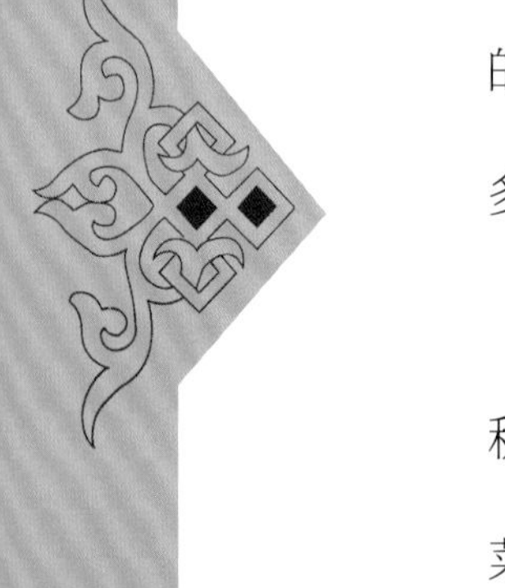

优芙得（U,Food）是蜀王集团的拳头品牌，在长达25年的团餐经营过程中，积累了丰富的管理经验和菜品资源，得到了广大客户的喜爱和支持。《中国大锅菜·南方卷》中收录了其自我研发并在全国项目点得到顾客好评的招牌菜，对其他团餐企业有很强的借鉴作用，此书的出版恰恰反映出“兼相爱、交相利”思想实质。爱是相互的,利也是相互的，爱与利的关系是对立的统一，是相辅相成、互为依存、互为条件的辩证关系。蜀王集团不断创新，致力于满足消费者的个性化需求，不断推出各式多元化菜品,保证菜品种类的丰富多彩，并乐于将成果与同业者分享的精神是蜀王集团社会责任感的体现，符合市场发展的需要，又符合行业道德规范。

厨者为食客呈现的美食背后，挥洒的是辛勤的汗水，流露的是奉献的匠心，传承的是悠久的文化。希望蜀王集团用更多、更精、更深的创新实践，不断为推进团餐行业进步做出新的贡献。

中国烹饪协会会长 姜俊贤

序二　不忘初心

“墙头雨细垂纤草，水面风回聚落花”。熟悉的节气，回忆的思绪因美食而苏醒。24年前，我沿着鸳鸯火锅的味美鲜香，怀揣要将这最具特色的四川美食带回安徽的初心，独自一人在成都的街头寻觅。功夫不负有心人，我有幸与我们的火锅炒料大师傅相识并得到他们的信任，与我一起回到安徽开办我们企业的第一家店——一个只有七张台子的火锅店。

没有运营经历，没有餐饮经验，只想着让客人体验最具成都味道的美食。凌晨赶在去挑选最新鲜原料的路上，白天在如织的客流中加汤涮菜，夜晚睡在4把椅子搭成的小床上。翻台的客流，如潮的好评，欢畅的笑容，汇成我每晚短暂而酣实的美梦，让我每个清晨倍增动力：去找寻更新鲜的原料，去找寻更美味的菜品，去找寻更精湛的厨师，让我和团队可以给更多更多的顾客以更好的美食体验！

因为这份初心，我们从一个店到十个店，从火锅到韩餐，从中餐到团餐，从安徽到全国，从大锅菜制作流程梳理到美食广场平台建设，从服务华夏同胞到服务国际友人，我们从每年服务几万位客户到今天每年服务上亿位客户，我深深体会到一款健康、营养、美味的产品对顾客意味着什么！

亲朋好友相聚时，美食可以让这份欢乐更加触手可及、可忆；周末放松时，美食可以让这份休闲更加温情与细腻；职场忙碌时，美食可以让这份打拼更有能量与幸福；下班晚归时，美食可以让这份对家人的关爱在时空里传递。

为了给顾客更好的美食体验，为了顾客享受美食时灿烂笑容的绽放，我带领着我们近七千人的团队，满心幸福地行走在传递美食、找寻美食、研发美食的路上。在追寻美食的路上，我们有缘得到“中国饭店协会团餐与大锅菜专业委员会”领导和中国烹饪大师们的青睐！更有幸将菜品在《中国大锅菜·南方卷》中呈现！在与他们同行的日子里，我更是深深地被团餐与大锅菜专业委员会会长、中国烹饪大师李建国先生术业积累与探索的无私奉献精神所打动。

要有给顾客美食体验的心，更要有给顾客美食体验的力。力是什么？力是“有味使之出，无味使之入”，力是“多次入味，一次成形”，力是“餐饮要健康与环保”，力是“美食是生命的正能量”！

我们秉承给顾客最好美食体验的初心，我们共享给顾客最好美食体验的能力，让我们携手书写中国大锅菜的美好篇章！

最后，再次感谢李建国先生和各位中国烹饪大师的信任与厚爱，感谢团餐与大锅菜专业委员会全体同仁的辛苦付出，感谢读者朋友的支持与关注！

目 录 Contents

鱼虾篇

鸡鸭篇

猪肉牛肉篇

热菜篇

魚虾篇

巢湖白米虾糊

营养价值

巢湖白米虾具有很高的营养价值和经济价值，含蛋白质是鱼、蛋、奶的几倍到几十倍；还含有丰富的钾、碘、镁、磷等矿物质及维生素A、氨茶碱等成分，且其肉质松软，易消化，对身体虚弱以及病后需要调养的人是极好的食物。白米虾出色的营养价值使其具有增强免疫力的功效，并且能够帮助预防高血压等心血管疾病。

品味

白米虾糊是一道烹调方法简单而又美味异常的菜肴，其味道的核心就在一个“鲜”字，得益于巢湖水域优质的水产。其烹调方法强调“烧”，重火候，味尚鲜嫩，均为皖菜的核心要素。

制作方法

1. 锅中烧开水，将白米虾 1000 克入锅汆水，时间不要长，断生即可，然后捞出沥水，待用。
2. 米粉加温开水拌匀后，待用。
3. 炒锅加入猪油 150 克、咸猪油 100 克烧热，油热加蒜蓉 50 克、姜末 30 克炒香，加入汆水后的白米虾，烹入黄酒 35 毫升、白醋 15 毫升，煸炒一下，再加入泡好的米粉烧开。
4. 出锅前，加入老抽 50 毫升、盐 30 克、味精 30 克调味，撒上香葱粒 40 克，菜品即成。

菜品特点

白米虾是我国特色水产之一。巢湖白米虾学名又叫秀丽白虾,为“巢湖三宝”之一，约占巢湖水域的虾类组成的 80%。每年有数千吨的捕获量。白米虾最大的特点是烧熟也不变红，依然是白色。

主料		配料	
白米虾　1000 克		米粉　450 克	
调料			
蒜蓉　50 克	盐　30 克	猪油　150 克	陈醋　15 毫升
姜末　30 克	味精　30 克	黄酒　35 毫升	
香葱粒　40 克	老抽　50 毫升	咸猪油　100 克	

剁椒鱼块

营养价值

1. 草鱼含有丰富的不饱和脂肪酸，对血液循环有利，是心血管病的良好食物。
2. 草鱼含有丰富的硒元素，经常食用可以达到抗衰老，养颜的功效，而且对预防肿瘤也有一定的功效。

品味

这道菜将鱼肉的鲜美和剁椒的火辣融为一体，出锅前的热油更是将菜品的香气激发出来。菜品色泽红艳，咸鲜微辣，肉质软嫩，香辣诱惑，激人食欲，是下饭的佳肴。

制作方法

1. 将草鱼处理干净，改刀成段，加入姜片 100 克、葱段 200 克、白酒 30 毫升拌匀，腌制 1 小时待用。
2. 炒锅烧热，倒入色拉油 200 毫升，下入葱末 50 克、生姜末 120 克、蒜末 100 克爆香。再加入红椒丁。烧热后倒入老干妈豆豉酱 250 克、剁椒酱 2000 克、野山椒 250 克，炒出香气。
3. 将腌制好的鱼块摆入托盘中，浇上剁椒酱，上蒸箱蒸制 15 分钟。
4. 锅内烧热油 300 毫升，将热油淋在蒸好的鱼块上，菜品即成。

菜品特点

这道菜是湘菜名菜剁椒鱼头的改良版，在选材上没用鳙鱼鱼头，而是用草鱼切段，但烹调手法却丝毫没有马虎，保留美味的同时又降低了成本，适合制作团餐菜肴。因采用蒸制的方法，鱼头的鲜香被尽量保留在肉质之内。剁椒的味道又恰到好处地渗入到鱼肉当中，入口细嫩晶莹，带着一股温文尔雅的辣味。

主料	
草鱼　5000 克　切段	

配料	
红椒　500 克　切丁	

调料	
色拉油　500 毫升	味精　25 克
剁椒酱　2000 克	白酒　30 毫升
老干妈豆豉酱　250 克	

小料	
生姜末　120 克	野山椒　250 克
蒜末　100 克	
葱末　50 克	

徽式酥鱼

营养价值

1. 富含蛋白质，具有维持钾钠平衡的功效；可消除水肿，降低血压，有利于生长发育。
2. 富含磷，具有构成骨骼和牙齿、可促进成长及身体组织器官的修复、供给能量活力、参与酸碱平衡的调节的功效。
3. 富含铜，铜是人体健康不可缺少的微量元素，对于血液、中枢神经和免疫系统，头发、皮肤和骨骼组织以及脑子和肝、心等内脏的发育和功能有重要影响。
4. 草鱼含有丰富的不饱和脂肪酸，对血液循环有利，是心血管病人的良好食物。

品味

这道菜采用正宗徽式做法，酱色油亮，重色重味，鱼肉外酥里嫩，浸透料汁，酸甜适口，久吃不腻。

制作方法

1. 草鱼处理干净，切成瓦块状，加入葱段 200 克、姜片 100 克、黄酒 40 毫升。拌匀后，入冰箱冷藏腌制 24 小时，充分去除腥味。取出，备用。
2. 将腌制好的鱼，放入八成热的油锅中，小心翻动，不要将鱼肉弄散，炸至两面金黄、外酥里透，即可捞出。
3. 烧制料汁：锅热下油 50 毫升，加花椒 10 克、八角 5 克、桂皮 5 克、香叶 5 克、葱花 30 克、姜片 30 克、蒜片 20 克煸香，放入白糖 300 克熬化，加开水，搅拌至料汁黏稠。投入炸好的鱼块，淋入陈醋 350 毫升，去腥、入味，大火收汁，菜品即成。

菜品特点

酥鱼是一道中华传统名菜，广为流传，传说起源于河北邯郸，后流传至全国各地，以绍兴的酥鱼最为出名。酥鱼在流传过程中充分吸收了地方风味和烹调方法，各具特色，徽式酥鱼就是这样一道颇具地方特色的菜肴。

主　料			
净草鱼　5000 克　切块			
调　料			
姜片　130 克	黄酒　40 毫升	白糖　300 克	桂皮　5 克
葱段　200 克	八角　5 克	陈醋　350 毫升	清油　50 毫升
蒜片　20 克	香叶　5 克	花椒　10 克	葱花　30 克

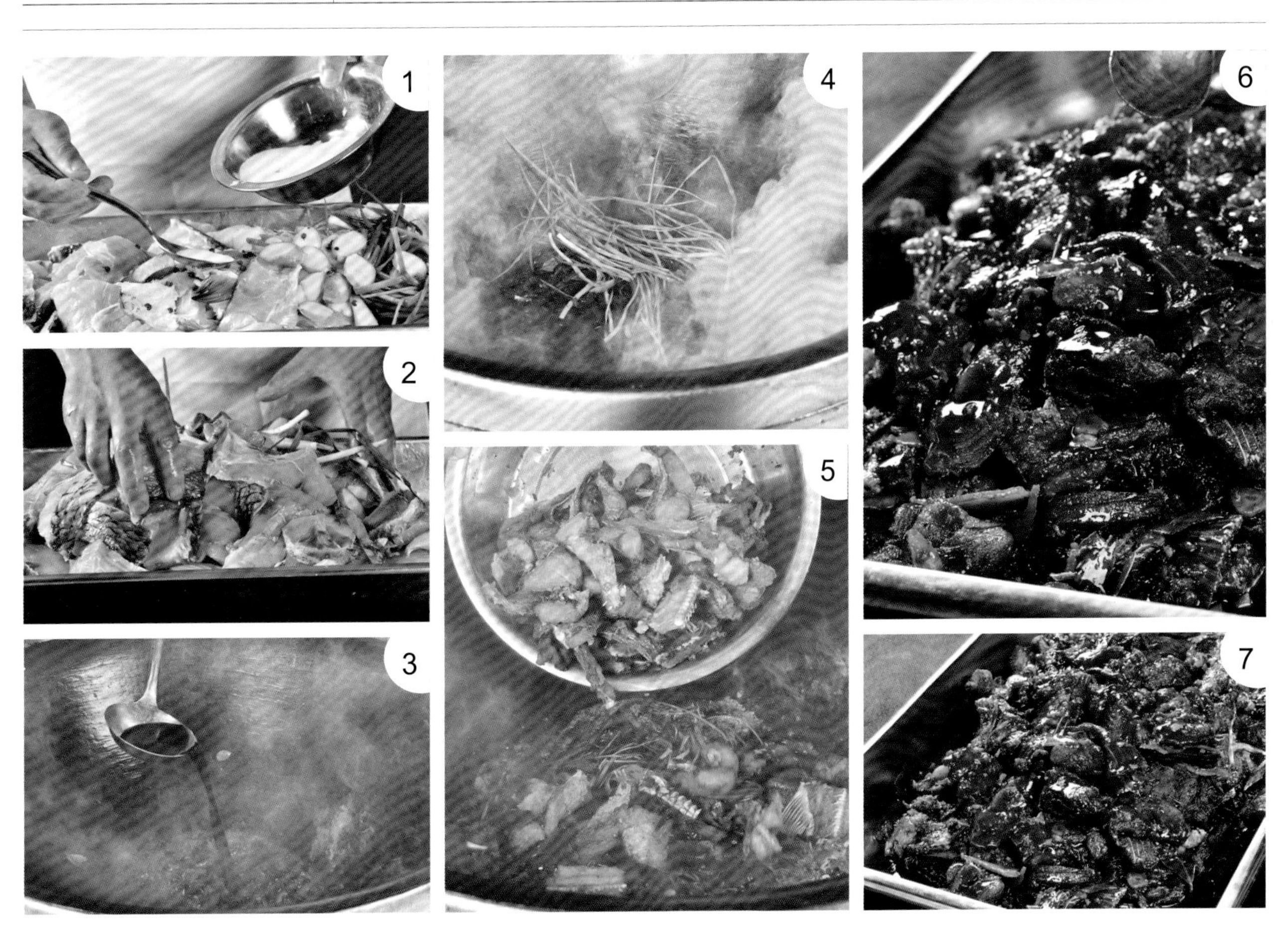

酱蒸巢湖干鱼虾

营养价值

鱼虾干，即鱼虾晒成的干制品，营养价值很高。每百克虾肉含蛋白质 20.6 克，还含有脂肪、钙、磷、铁、维生素及核黄素等成分，肌体亦含原肌球蛋白和副肌球蛋白，故还具有补肾壮阳、滋阴健骨和镇静等功能，用它可治疗手足抽搐、皮肤溃疡、水痘、筋骨疼痛、骨结核等多种疾病。

品味

鱼虾为这道菜奠定了“鲜”的底味，而蒸制的方法将鲜味又提上了一个台阶，入口咸鲜微辣，酱香浓郁，是饮酒、下饭的佳品。

制作方法

1. 将巢湖干鱼虾和白豆干分别焯水，干鱼虾沥干水分后，放入油锅，过油、备用。
2. 然后炒制酱料：锅热下猪油 500 克，油热加姜末 80 克、蒜蓉 150 克、干辣椒 50 克炒香，然后放入蚕豆酱 500 克炒出酱香味，烹入料酒 50 毫升、香醋 50 毫升即可。
3. 将白豆干丁加入鸡精 20 克、胡椒粉 50 克，拌匀后码入盘底。将过油后的干鱼虾铺在白豆干上，浇上炒好的蚕豆酱，裹上保鲜膜放入蒸箱，蒸制 25 分钟；蒸好后撒上香葱粒 100 克，菜品即成。

菜品特点

巢湖是我国五大淡水湖之一，位于安徽省中部，气候宜人，物产丰富，盛产鱼虾。干鱼虾是巢湖地区的著名特产，以此入菜，尤其凸显安徽地方特色。徽菜擅长腌制、发酵，蚕豆酱更具有徽菜风格，将鱼虾的鲜美以异样的方式激发出来。这道菜用当地最普通的食材，烹调出了独具地方风味的菜肴。

主料			配料
巢湖干鱼虾　2000 克			白豆干　3000 克　切丁
调料			小料
干辣椒　50 克	味精　20 克	猪油　500 克	香葱粒　100 克
蚕豆酱　500 克	料酒　50 毫升	胡椒粉　50 克	蒜蓉　150 克
鸡精　20 克	香醋　50 毫升		姜末　80 克

青椒炒毛草鱼

营养价值

毛草鱼的营养价值很高，含有丰富的钙、磷、铁元素，对骨骼发育和造血十分有益，可有效治疗贫血等。

品味

这道菜采取急火快炒，鱼肉鲜美细嫩，辣椒脆爽，口味咸鲜微辣，是下饭的佳品。

制作方法

1. 将毛草鱼用清水浸泡后清洗干净，沥干水分；锅内倒入色拉油 1000 毫升烧热，将毛草鱼下锅过油，捞出备用。
2. 炒锅烧热，下猪油 150 克。油热加入姜片 30 克、蒜片 30 克、干辣椒 30 克爆香，加入青椒丝、红椒丝炒出香气；倒入过油后的毛草鱼炒制，烹入老抽 50 毫升、香醋 50 毫升，撒 20 克胡椒粉，加入盐 50 克、鸡精 50 克调味，大火翻炒入味，即可出锅。

菜品特点

毛草鱼学名湖鲚，又称刀鲚、凤尾鱼等，古代亦叫刨花鱼，传说是鲁班修建巢湖中庙所刨的刨花所变。毛草鱼约占巢湖鱼类总产量的 80%，生长速度非常快，成鱼一般长约 80 毫米，大的可达 100 毫米。毛草鱼肉质细嫩，肥而不腻，适合炒制，与辣椒一起烹调，非常符合安徽人的口味喜好。

主　料			配　料
毛草鱼　1500 克			青椒丝　1000 克　红椒丝　500 克
调　料			小　料
猪油　150 克	胡椒粉　20 克	色拉油　1000 毫升	姜片　30 克
盐　50 克	鸡精　50 克	白糖　20 克	蒜片　30 克
老抽　50 毫升	香醋　50 毫升		干辣椒　30 克

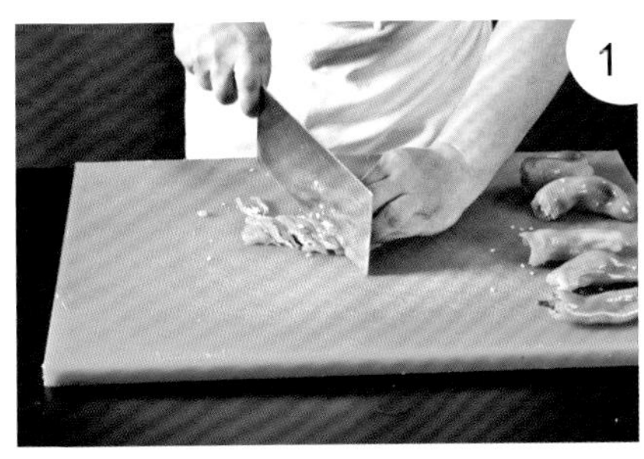

泉水龙利鱼

营养价值

龙利鱼具有海产鱼类在营养上显著的优点，含有较高的不饱和脂肪酸，蛋白质容易消化吸收。其肉质细嫩，口感爽滑，鱼肉久煮不老，无腥味和异味，属于高蛋白、低脂肪、富含维生素的鱼类。这道菜十分适合冬日食用，麻辣的味道，较高的热量，有助于帮助抵御寒冷，荤素搭配的吃法又补充了必要的维生素和植物纤维。

品味

鱼肉经过上浆腌制后，去除腥味，十分软嫩，底料麻辣爽口，鱼肉鲜香，浓厚的口味刺激着味觉神经，让人越吃越上瘾。

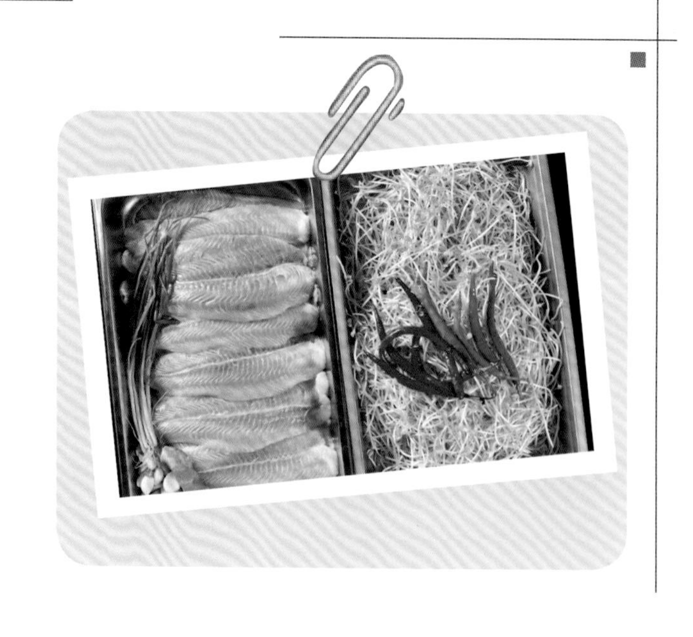

制作方法

1. 将龙利鱼片成片，用水冲洗干净，放入盆中。加入蛋清 80 克，淀粉 150 克，上浆腌制备用。
2. 锅热，加油 50 毫升，油热将豆芽放入，煸炒出水分，捞出盛盘，均匀码入布菲芯中垫底。
3. 炒锅烧热，加油 150 毫升，加入豆瓣酱 60 克、火锅底料 200 克、蒜蓉 50 克、姜末 30 克，煸炒出香味。倒入 2.5 升开水，烧开后加盐 20 克、味精 25 克、黄酒 100 毫升调味。放入鱼片汆熟，捞出盛入垫了豆芽的布菲芯中。
4. 鱼片上撒上一层青红米椒 50 克、香葱粒 50 克、蒜蓉 50 克，浇上热油，菜品即成。

菜品特点

这道菜是由川菜的水煮鱼转化而来，更加简便易做，降低了调料成本，又不失口味。龙利鱼是物美价廉的海产鱼类，鱼肉呈块状，有着海鱼的鲜美而腥味较淡，且只有中间一根主刺，十分适合团餐使用。

主料			配料	
龙利鱼 5000 克			黄豆芽 1500 克	青红米椒 50 克
调料			**小料**	
色拉油 300 毫升	味精 25 克	盐 20 克	姜末 30 克	
淀粉 150 克	豆瓣酱 60 克	花椒 10 克	蒜蓉 100 克	
火锅料 200 克	蛋清 80 克	黄酒 100 毫升	香葱粒 50 克	

三色鱼丁

营养价值

鱼肉中蛋白质含量丰富，其中所含必需氨基酸的量和比值最适合人体需要，具有降低胆固醇、预防心脑血管疾病的作用。鱼肉中含有丰富的矿物质。

品味

三色鱼丁中的这“三色”各有各的味觉特点，但是却并未喧宾夺主，鱼肉的鲜香奠定了这道菜的味觉基础，“三色”则有软有硬，丰富了口感和味觉，起到了锦上添花的作用。

制作方法

1. 将草鱼洗净，去骨去皮，切成0.5厘米见方的小丁。鱼丁冲水洗净，倒入盆中。加黄酒40毫升、盐10克、味精15克、蛋清80克、淀粉30克腌制上浆备用；将20克淀粉制成水淀粉备用。
2. 将腌制上浆的鱼丁下入三成热的油锅，滑油，熟后捞出，待用；将红椒丁过油，备用；将玉米、青豆焯水，熟透后，用冷水冲凉，备用。
3. 炒锅上灶，锅热下油100毫升，加姜片30克、小葱粒30克炒香。下入红椒丁、玉米和青豆，加盐25克、鸡精20克、胡椒粉30克，翻炒出香气，倒入鱼丁，加水淀粉勾芡，即可。

菜品特点

安徽地处鱼米之乡，水产丰富，以鱼入菜是当地饮食的一大特点。三色鱼丁是一道非常受当地百姓喜爱的家常菜肴，以草鱼入菜，辅以红、黄、绿三色，色泽鲜艳，味道鲜美。

主料	小料		
草鱼肉 5000克 去骨切丁	姜片 30克 小葱粒 30克		
配料	调料		
玉米 500克	大豆油 100毫升	味精 15克	淀粉 50克
青豆 500克	盐 35克	胡椒粉 30克	黄酒 40毫升
红椒 250克（切丁）	鸡精 20克	蛋清 80克	

上海熏鱼

营养价值

草鱼含有丰富的不饱和脂肪酸，对血液循环有利，是心血管病的良好食物。还含有丰富的硒元素，经常食用，可以达到抗衰老、养颜的功效，而且对预防肿瘤也有一定的作用。

品味

上海熏鱼制作虽然简单，而味道却不简单。以番茄酱和白糖垫底，又融入了陈皮、话梅、五香粉、香醋等调味，甜中有一点微酸；入口则感到外焦里嫩，外表酥脆香甜，鱼肉紧实鲜嫩。

制作方法

1. 将草鱼切成瓦块状，清洗治净，放入盆中。加入香葱粒 50 克、姜丝 130 克、花椒 10 克、盐 50 克、老抽 5 毫升，拌匀，放入冰箱冷藏，腌制 24 小时。
2. 起一口油锅，油温加热到七成热，下入腌制好的鱼块，炸至外表定型、鱼肉熟透后捞出备用。
3. 炒锅烧热，下入色拉油 100 毫升，油热后下入香葱粒 20 克、姜丝 20 克炒香。下入番茄酱 100 克炒红，下入白糖 240 克炒化，倒入炸好的鱼块，加开水至没过鱼块。投入陈皮 30 克、话梅 30 克、五香粉 50 克、黄酒 120 毫升、香醋 200 毫升。大火烧开，然后转微火烧制 40 分钟。
4. 待汤汁浓稠时，将剩余的香醋 100 毫升沿锅边淋入，晃动锅再大火收汁，菜品即成。

菜品特点

上海熏鱼是一道非常具有上海特色的本帮菜。色香味俱全，是苏沪一带百姓过年时餐桌上必备的菜肴。上海熏鱼虽然名字中带有一个“熏”字，但实际并不是熏制而成的，而是用老抽腌制后油炸酥脆，再浸入料汁入味。

主料			小料
净草鱼 5000 克			香葱粒 70 克 姜丝 150 克
调料			
白糖 240 克	陈皮 30 克	香醋 300 毫升	花椒 10 克
番茄酱 100 克	话梅 30 克	色拉油 3000 毫升（实耗 600 毫升）	老抽 5 毫升
盐 50 克	五香粉 50 克	黄酒 120 毫升	

酸菜鱼

营养价值

龙利鱼具有海产鱼类在营养上显著的优点，含有较高的不饱和脂肪酸，蛋白质容易消化吸收。其肉质细嫩，口感爽滑。鱼肉久煮不老，无腥味和异味，属于高蛋白、低脂肪、富含维生素的鱼类。酸菜中的乳酸能开胃提神、醒酒去腻，还能增进食欲、帮助消化，还可以促进人体对铁元素的吸收。

品味

这道菜重油重辣，非常入味。鱼肉软嫩鲜美，汤汁酸辣爽口，酸菜清脆，辅以丰富的调味料，给人以丰富的味觉体验，广受食客喜爱。

制作方法

1. 将 100 毫升色拉油烧热，下入干辣椒段 50 克，炸至成辣椒油，捞出干辣椒备用。
2. 将龙利鱼改刀切片，加入盐 50 克，腌制入味。
3. 起一口炒锅烧热，倒入猪油 100 克和色拉油 100 毫升，加入酸菜炒香，倒入高汤 3 升，调入盐 30 克、鸡精 50 克、胡椒粉 20 克，炖出味道，然后捞出酸菜，盛入容器中。
4. 将腌制好的鱼片下入酸菜汤中，温火煮熟，连汤一起盛入装有酸菜的容器中。撒上小葱粒 100 克、蒜蓉 200 克和炸熟的干辣椒段 50 克；然后淋上烧热的辣椒油，菜品即成。

菜品特点

酸菜鱼是一道始于重庆的特色川菜，以其简易的制作方法和酸辣鲜美的味道传遍大江南北，在大大小小的菜馆均有它的一席之地。此菜重调味，对于鱼肉的选用不甚讲究，本菜谱选用龙利鱼物美价廉，便于采购、易于处理，非常适合团餐菜肴使用。

主 料		配 料
龙利鱼　4000 克		酸菜鱼料　1000 克
调 料		**小 料**
猪油　100 克	胡椒粉　20 克	蒜蓉　200 克
色拉油　200 毫升	鸡精　50 克	小葱粒　100 克
盐　80 克		干辣椒段　50 克

香辣鱿鱼

营养价值

鲜鱿鱼中蛋白质含量高达 16% ~ 20%，脂肪含量极低，热量也远远低于肉类食品，是减肥食品的最佳选择。鱿鱼富含钙、磷、铁元素，利于骨骼发育和造血，具有治疗贫血的功效；此外，鱿鱼除富含蛋白质和人体所需的氨基酸外，还含有大量的牛磺酸，可抑制血液中的胆固醇含量，缓解疲劳，恢复视力，改善肝脏功能。但是鱿鱼含胆固醇较多，故高血脂、高胆固醇血症、动脉硬化等心血管病及肝病患者应慎食。

品味

香辣与鲜美均是最为打动味蕾的味觉体验，香辣鱿鱼则是将湘菜的香辣与海味的鲜美完美融合在一起。鱿鱼在烹调时不要过火，保持其鲜嫩脆爽的口感。芹菜与洋葱既能去除鱿鱼腥味，亦可中和辣椒的火辣，享受美味的同时不失营养。

制作方法

1. 将鱿鱼改刀切丝，清水漂洗治净。锅中烧开水，将洗净的鱿鱼焯水，可以起到去除腥味和脏物的作用。但切忌焯水时间过长，影响口感。
2. 将焯水后的鱿鱼沥干后，过油，捞出备用。
3. 起一口热锅，倒入80毫升色拉油，下入干辣椒100克、花椒25克、姜丝30克、蒜片50克、葱末50克，爆出香气。放入洋葱丝和香芹段煸炒片刻，倒入蚕豆酱40克炒香；投入鱿鱼，加黄酒50毫升、味精15克、盐15克、孜然粉20克调味，翻炒均匀，淋上芝麻油20毫升起锅，菜品即成。

菜品特点

鱿鱼是我国主要海产品之一。从渤海一直到广东、广西沿海均有出产。以其美味与丰富的营养价值深受沿海人民喜爱。随着社会经济的发展，越来越多地区有了食用新鲜鱿鱼的条件，鱿鱼也与众多菜系融合，形成很多备受欢迎的菜品，这道菜采用湘菜菜式中香辣的炒法来烹制鱿鱼。

主料				配料
鱿鱼须　3000克				香芹段　1000克 洋葱丝　1000克
调料				小料
蚕豆酱　40克	白糖　5克	干辣椒　100克	芝麻油　20毫升	葱末　50克
色拉油　80毫升	花椒　25克	盐　15克		姜丝　30克
黄酒　50毫升	孜然粉　20克	味精　15克		蒜片　50克

糟熘鱼片

营养价值

龙利鱼含有较高的不饱和脂肪酸、蛋白质，容易消化吸收。肉质细嫩，口感爽滑，久煮不老，无腥味和异味，是一种高蛋白、低脂肪、富含维生素的食物。

品味

用熘制的手法烹调出的菜肴肉质滑嫩，糟卤汁鲜中带甜，糟香四溢，能够去除鱼的腥味，使鱼肉鲜香，味美无比。

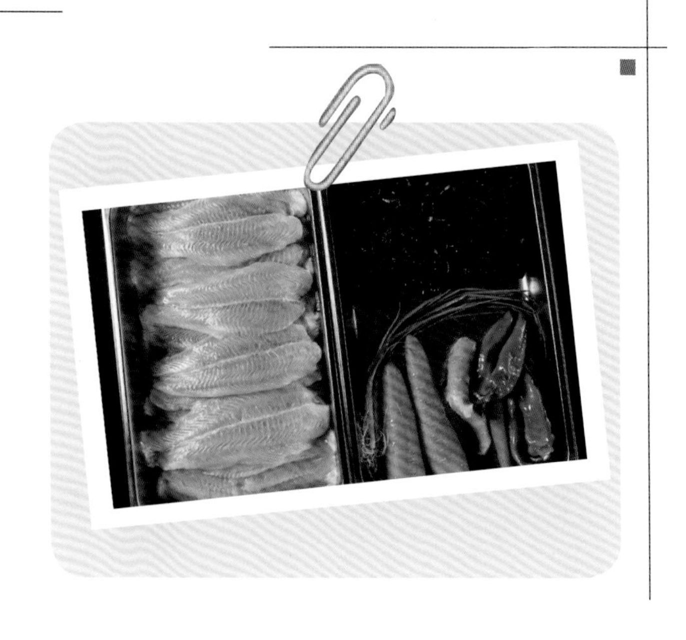

制作方法

1. 将龙利鱼倒入盆中，加蛋清 120 克、淀粉 50 克上浆，然后汆水定形，捞出备用；将水发木耳、胡萝卜片汆水备用；将 30 克淀粉制成水淀粉备用。
2. 起一口热锅，倒入色拉油 100 毫升，油热下姜片 30 克、蒜片 40 克、葱末 30 克爆香。然后倒入 1 升开水，拌入糟卤 750 克，加白糖 30 克、味精 10 克、盐 10 克调味，倒入水淀粉勾芡，制成糟熘汁。
3. 将上浆汆水后的龙利鱼片和水发木耳、胡萝卜片、青椒片倒入糟熘汁中翻炒均匀。出锅前淋上 50 毫升料油，菜品即成。

菜品特点

糟熘鱼片是一道鲁菜名菜，“糟”是指用香糟曲加绍兴老酒、桂花卤等泡制酿造而成的香糟卤。传统上，鱼用鳕鱼、黄鱼、鲈鱼，不甚讲究，而这道菜选取了物美价廉、肉多刺少的龙利鱼。“熘”这种烹调手法为鲁菜所擅长，有利于保持糟卤的香味。糟熘鱼片是将北方鲁菜的烹调手法与南方卤汁完美结合的典范，肉质软嫩，香味浓郁。

主料			小料
龙利鱼　3500 克			葱末　30 克　姜片　30 克 蒜片　40 克
调料			配料
糟卤　750 克	味精　10 克	淀粉　80 克	水发木耳　1250 克　改朵
白糖　30 克	色拉油　100 毫升	料油　50 毫升	青椒　250 克　切片
盐　10 克	蛋清　120 克		胡萝卜　250 克　切片

鸡鸭篇

暴腌菜炒鸭胗

营养价值

鸭胗含有大量的铁元素，具有增加人体胃液的分泌量，消食化积的功效。同时，对人体胃肠通畅有明显改善。

品味

鸭胗软嫩弹滑，口感脆爽，卤制后非常入味。青菜经过腌制，杀出了水分，并且有了盐做底味，非常容易吸收鸭胗与调料的味道，整道菜充满了香辣诱惑，又别具风味。

制作方法

1. 将鸭胗切片，用卤汁卤熟；中青菜洗净，切段，加入盐 180 克暴腌，挤水、备用。
2. 炒锅烧热，倒入色拉油 100 毫升，油热，下入干红椒 30 克、姜片 30 克、蒜片 30 克爆香，再下入杭椒翻炒；下入鸭胗、中青菜，大火爆炒。加入盐 20 克、味精 20 克、鸡精 35 克、胡椒粉 30 克调味，菜品即成。

菜品特点

暴腌菜是腌菜方法的一种，因腌制时间非常短，所以又叫暴腌，这种腌制方法其实是非常健康的，完全不用担心腌制品产生的亚硝酸盐问题。这道菜的另一个秘诀就是卤水，一锅上好的卤水能够大大提升鸭胗的味道。

主　料		配　料
鸭胗　2000 克		中青菜　3000 克　　杭椒　500 克
调　料		小　料
色拉油　100 毫升	胡椒粉　30 克	姜片　30 克
鸡精　35 克	干红椒　30 克	蒜片　30 克
味精　20 克	盐　20 克	

歌乐山辣子鸡

营养价值

鸡肉肉质细嫩，滋味鲜美，富有营养，有滋补养身的作用。鸡肉中蛋白质的含量比例很高，而且消化率高，很容易被人体吸收利用，有增强体力、强壮身体的作用。中医认为鸡肉性平、温、味甘，入脾、胃经，可益气、补精、添髓。

品味

这是一道典型的川菜，麻辣扣敲味蕾，每一块鸡肉入口都不断打开胃口，是上好的下饭菜。这道菜虽然口味较重，麻辣干香，但又不是一味地辣，而是香气十足，辅以香油、芝麻与花生，把香味发挥到了极致。

制作方法

1. 将三黄仔鸡剁成食指大小的块状，冲水去除血沫待用。
2. 油锅烧至七成热，下入鸡块，炸至鸡块呈金黄色，闻到有酥香味，捞出、控油、待用。
3. 另起一口炒锅，倒入红油150毫升、色拉油100毫升，烧至三成热。下入干青花椒200克炒出香气，再下入干红椒750克、姜末100克、蒜蓉100克炒香、白糖25克炒香，再倒入炸好的鸡块，翻炒均匀。喷入黄酒50毫升、香醋20毫升，倒入香油50毫升，撒上盐20克、鸡精20克、熟花生米200克调味，盛盘后撒上熟芝麻50克、葱粒50克，菜品即成。

菜品特点

辣子鸡属于川菜系，起源于川东，是一道著名的江湖菜。这道菜流传很广，倍受广大食客的喜爱，本菜谱中所采用的烹调方法非常地道，以干青花椒和干辣椒为主要调味料，是重口味食客的最爱。

主料			配料
净三黄鸡　5000克　切小块			干红椒段　750克 干青花椒　200克　切段
调料			小料
熟芝麻　50克	盐　20克	香油　50毫升	熟花生米　200克
熟花生米　200克	白糖　25克	色拉油　100毫升	姜末　100克
辣子鸡底料　500克	黄酒　50毫升	红油　150毫升	葱粒　50克
鸡精　20克	香醋　20毫升		蒜蓉　100克

红烧鸡腿

营养价值

鸡腿肉在整只鸡中含铁成分最高，鸡肉蛋白质含量多，含有丰富的维生素 A，有增强体力，强身健体的作用。

品味

很多人回忆中，学校食堂里最好吃的莫过于红烧鸡腿了。鸡腿肉质软嫩，具有独特的香味，咸香美味，让人大快朵颐。

制作方法

1. 将鸡腿洗净，冷水下锅、焯水、捞出。沥干水分后，放入油温六成热的油锅中炸约10秒，捞出、控油、待用。
2. 锅中倒入色拉油100毫升。油热后，下入葱段30克、姜片30克、蒜子100克、八角10克煸香。再下入豆瓣酱50克炒出红油，下入鸡腿，加入老抽20毫升上色。锅中加水3升，水开后加入味精30克、盐35克调味。小火焖炖25分钟，取出装盘即可。

菜品特点

“红烧”是最为家喻户晓的一种烹调方法，虽然看起来简单，然而实际操作中对火候的要求很高，能做好这道菜并不容易。这道红烧鸡腿没有使用炒糖色上色，而是在煸炒时加入老抽上色，汤水一次性放足，可以确保上色。

主料			
鸡腿 5000克			
调料			小料
色拉油 100毫升	味精 30克	白糖 30克	葱段 30克
盐 35克	八角 10克		姜片 30克
豆瓣酱 50克	老抽 20毫升		蒜子 100克

黄焖鸡

营养价值

鸡肉里弹性结缔组织极少，所以容易被人体消化吸收，有增强体力、强壮身体的作用。鸡肉对营养不良、畏寒怕冷、乏力疲劳、月经不调、贫血、虚弱等有很好的食疗作用。中医认为，鸡肉有温中益气、补虚填精、健脾胃、活血脉、强筋骨的功效。

品味

制作此菜全在火候，火小则不烂，火大则柴，以微火烹之，掌握好时间。出锅的黄焖鸡肉质鲜美嫩滑，充分吸收料汁，咸鲜适口，将鸡肉的鲜美发挥得淋漓尽致；与香菇、青椒软硬搭配，口感丰富。

制作方法

1. 将三黄鸡切块，用水洗净，沥干，备用。
2. 炒锅烧热，倒入色拉油 200 毫升。油热后，下入蒜子 200 克、生姜片 30 克、香葱段 50 克，煸炒出香味，再放入八角 10 克、桂皮 5 克炒香;加入鸡块继续煸炒，放入干辣椒 50 克、白糖 30 克、酱油 30 毫升、生抽 25 毫升、黄酒 30 毫升、盐 15 克、味精 15 克调味。
3. 倒入 1 升水，投入香菇。锅开后，转小火焖炖 20 分钟。然后放入青椒，大火收汤。待汤汁浓稠，呈现半汤状，即可起锅，盛盘。

菜品特点

黄焖鸡是一道鲁菜的经典菜肴，这几年可谓是火遍了大江南北的街头巷尾，到处可见“黄焖鸡米饭”字样的招牌。本菜谱收录这道黄焖鸡，紧追流行菜肴的步伐，制作方法加以改良，调味丰富，口味上佳。

主 料			配 料
净三黄鸡 5000 克 切块			香菇 300 克 切块 青椒 500 克 切片
调 料			小 料
色拉油 200 毫升	白糖 30 克	黄酒 30 毫升	蒜子 200 克
盐 15 克	八角 10 克	生抽 25 毫升	生姜片 30 克
味精 15 克	桂皮 5 克		香葱段 200 克
酱油 30 毫升	干辣椒 50 克		

辣炒鸭丁

营养价值

中医上讲，鸭肉为性凉之物，天气干燥时人们容易上火，需要食用性凉之物，可降火气，特别是秋季养生。饮食要适当偏向“清热和润燥”的功效。鸭肉中含有丰富的蛋白质，容易被人体吸收，所含B族维生素和维生素E较其他肉类多，能有效抵抗脚气病，神经炎和多种炎症，还能抗衰老。

品味

鸭肉经过炸制，外焦里嫩，肉香浓郁。杭椒辣度适中，与鸭肉相辅相成，既能将肉质的香味充分发挥出来，也在煸炒中释放了辣椒的香味。香辣可口，是湘赣地区人们非常喜爱的一道下饭菜。

制作方法

1. 将鸭脯肉切丁，放入盆中，加入盐 20 克、淀粉 50 克、黄酒 100 毫升，搅拌上浆均匀，腌制 15 分钟。
2. 将腌制好的鸭脯肉放入六成热的油锅中，滑油后，捞出、备用。
3. 炒锅烧热，倒入色拉油 100 毫升，油热下入姜片 40 克、蒜片 50 克、葱段 40 克，煸香。再下入青红杭椒段炒香，倒入鸭丁，大火翻炒，加入老抽 30 毫升、蚝油 100 毫升上色，加入白糖 30 克、孜然 25 克、陈醋 30 毫升、盐 20 克、味精 20 克调味，菜品即成。

菜品特点

这是一道出现在嗜辣地区几乎每一个家庭餐桌上的一道菜，烹调方法简单，是一道经久不衰的菜肴。烹调此菜，滑油对火候控制要求较高，只有控制得当才能做到外焦里嫩。

主料			配料
鸭脯肉丁　5000 克			青红杭椒小段　1500 克
调料			小料
盐　40 克	陈醋　30 毫升	色拉油　100 毫升	葱段　40 克
味精　20 克	黄酒　100 毫升	干辣椒　30 克	姜片　40 克
白糖　30 克	蚝油　100 毫升	淀粉　50 克	蒜片　50 克
老抽　30 毫升	孜然　25 克		

秘制酱鸭

营养价值

1. 鸭肉中含有 B 族维生素和维生素 E 比其他肉类多，能有效抵抗脚气病，神经炎和多种炎症，还能抗衰老。
2. 鸭肉中含有丰富的烟酸，它是构成人体内两种重要辅酶的成分之一，对心肌梗死等心脏疾病患者有保护作用。

品味

这道菜酱香浓郁，味道鲜美，质地脆嫩，咸淡适口。鸭肉经过长时间的炖制，已经十分软烂，肉质鲜嫩，酱料的香味充分融入鸭肉之中。

制作方法

1. 将整鸭去除内脏，冲洗干净，加入 200 毫升酱油上色，放入六成热的油锅中炸制 5 分钟。
2. 然后烧制料汁，锅热，下入色拉油 100 毫升，油热下入葱段 150 克、姜片 50 克、蒜片 50 克炒香，再下入八角 20 克、桂皮 30 克、香叶 10 克煸炒；倒入老抽 20 毫升，生抽 200 毫升、红曲米 150 克、胡椒粉 10 克、蚕豆酱 150 克、鸡精 20 克、味精 20 克、盐 30 克、白糖 100 克，加开水 3 升。
3. 将炸好的整鸭放入料汁中，大火烧开，转小火煨制 120 分钟。将酱好的鸭子捞出后，沥干水分，待冷却后，方可斩件，撒上白芝麻 100 克，摆盘。

菜品特点

酱鸭是江南地区著名的传统风味，色泽黑黄，鲜香酥嫩，堪称江南菜肴的一张靓丽名片。不同人制作酱鸭所用手法不同，但是殊途同归，味道各有千秋，本菜谱所提供的方法适合团餐菜肴制作，简单快捷，风味独特。

主料				
整鸭　5000 克				
调料				小料
色拉油　100 毫升	料酒　150 毫升	红曲米　150 克	桂皮　30 克	葱段　150 克
盐　30 克	老抽　20 毫升	胡椒粉　10 克	香叶　10 克	姜片　50 克
鸡精　20 克	生抽　200 毫升	蚕豆酱　150 克		蒜片　50 克
味精　20 克	白糖　100 克	八角　20 克		白芝麻　100 克

糯米鸭

营养价值

糯米含有蛋白质、脂肪、糖类、钙、磷、铁、维生素 B 及淀粉等，具有温补壮体的功效。鸭肉中含有丰富的蛋白质，容易被人体吸收，所含 B 族维生素和维生素 E 较其他肉类多，能有效抵抗脚气病，神经炎和多种炎症，还能抗衰老。

品味

糯米清香香甜，鸭肉油脂含量丰富，香味浸入糯米中，香味浓郁；麻辣酱在肉香之外，主导了另一层的味觉体验，二者相辅相成，成就了这道制作简单菜肴的美味。

制作方法

1. 将糯米用温水浸泡 2 小时，沥干水分备用。
2. 将鸭块放入容器中，加入姜末 60 克、蒜末 50 克、盐 45 克、白糖 10 克、麻辣酱 330 克、味精 30 克、黄酒 25 毫升，拌匀后再倒入糯米，再搅拌均匀后盛入托盘。
3. 将糯米鸭放入蒸箱中蒸制 45 分钟，取出盛盘，撒上香葱末 10 克，菜品即成。

菜品特点

这是一道非常具有南方风味的菜肴，鸭子和糯米均是江南水乡的重要物产，是百姓生活中的佳肴。这道糯米鸭更具川渝风味，加入了麻辣酱作为奠定味型的调味料，让这道菜更具风味。

备注

糯米要提前浸泡，否则影响口感。

主　料		配　料
半边鸭块　4000 克　切块		糯米　1000 克
调　料		小　料
盐　45 克	麻辣酱　330 克	姜末　60 克
白糖　10 克	黄酒　25 毫升	蒜末　50 克
味精　30 克		香葱末　10 克

泡椒仔鸡

营养价值

鸡肉蛋白质含量较高，且易被人体吸收利用，有增强体力，强壮身体的作用。此外，鸡肉还含有脂肪、钙、磷、铁、镁、钾、钠，维生素 A、B1、B2、C、E 和烟酸等成分。

品味

这是一道充满川渝风味的菜肴，辣椒经过陈年老水的腌制，风味发生了很大变化，变得酸甜适口，辣度降低，形成了一种独特的泡椒味。泡椒同鸡块一起炒制，菜品鲜香酸辣，令人胃口大开。

制作方法

1. 将仔鸡洗净，剁成小块，盛入盆中。加黄酒 30 毫升、盐 20 克、淀粉 30 克，搅拌均匀，腌制上浆待用。
2. 起一口油锅，油温烧至五成热，将鸡块滑油至成熟，捞出控油待用。将莴笋条焯水 3 分钟至成熟，捞出待用。
3. 炒锅烧热，倒入色拉油 100 毫升，油热，下入姜末 50 克、蒜末 50 克、香葱粒 50 克炒香，下入鸡块煸炒。再加入泡椒和小米辣 250 克，煸炒入味，然后加入莴笋条，倒入开水 500 毫升，加黄酒 20 毫升、盐 30 克、白糖 25 克、味精 25 克、鸡精 25 克调味，烧至入味后，即可起锅。

菜品特点

四川泡菜历史悠久，流传广泛，几乎家家都会做，泡椒自然成为喜食辣椒的川渝人士的最爱。以泡椒入菜，衍生出了无数美味，而泡椒仔鸡则是其中的一道经典菜肴。随着川菜的流行，这种脆甜酸辣的味道是许多人味蕾记忆中不能忘却的美味。

主料		配料	
净仔鸡　3500 克　切块		泡椒　250 克	小米椒切粒　250 克
		莴笋条　1500 克	
调料		**小料**	
生抽　50 毫升	白糖　25 克	香葱粒　50 克	
盐　50 克	黄酒　50 毫升	姜末　50 克	
味精　25 克	淀粉　30 克	蒜末　50 克	
鸡精　25 克	色拉油　100 毫升		

三杯鸡

营养价值

鸡肉肉质细嫩，滋味鲜美，并富有营养，有滋补养身的作用。鸡肉中蛋白质的含量比例很高，而且消化率高，很容易被人体吸收利用，有增强体力、强壮身体的作用。中医认为鸡肉性平、温、味甘，入脾、胃经，可益气、补精、添髓。

品味

这道菜色泽深红油亮，肉香味浓，肉质软嫩，甜中带咸，咸中带鲜，将鸡肉的鲜美和料汁的浓郁发挥得淋漓尽致，而最后加入的九层塔则是这道菜的点睛之笔，将味觉的体验又提高了一个层次。

菜品特点

三杯鸡是近年来非常流行的一道菜肴，成为很多餐馆的销量冠军菜肴。此菜发源于江西省，后来传入中国台湾，并在台湾发扬光大，然后风靡大陆。制作此菜，调制料汁最为关键，现在则有专业厂商调制的三杯汁，味道上佳，团餐菜肴可以方便使用。

制作方法

1. 将鸡翅根斩块，下入油温六成热的油锅中滑油断生，捞出控油待用。
2. 炒锅烧热，下入色拉油 100 毫升，放入蒜子 600 克，炒香。倒入鸡块翻炒，倒入三杯汁 800 毫升，加入黄酒 200 毫升、开水 100 毫升，大火烧开后转中火，再烧至 10 分钟，出锅前撒入九层塔，熟花生米 500 克，菜品即成。

备注

三杯汁配方：豆瓣酱 100 克，南乳汁 50 毫升，蚝油 50 毫升，生抽 100 毫升，老抽 100 毫升，麦芽糖 100 克，排骨酱 100 克，米酒 100 毫升。

主 料	配 料
鸡翅根切块　2500 克	九层塔段　150 克　　熟花生米　500 克
调 料	**小 料**
色拉油　100 毫升	蒜子　600 克
三杯汁　800 毫升	
黄酒　200 毫升	

盐水鸭

营养价值

鸭肉性凉、味甘、无毒，有益气养胃、补血生津、利水消肿、滋阴补肾之功效。它有丰富的蛋白质、钙、铁、维生素 A、硫胺素、核黄素、尼克酸、碳水化合物等营养成分。

品味

盐水鸭最能体现鸭肉的本味，用卤制的方法可以过滤油腻、驱除腥臊、保留鲜美。鸭皮白肉嫩、肥而不腻、香鲜味美，具有香、酥、嫩的特点。

制作方法

1. 将整鸭洗干净，用盐70克抹在鸭子身上进行涂抹，加葱段100克、姜片100克腌制12小时左右。
2. 将腌制好的鸭子放入水中，烧开后片刻即可捞出。
3. 制作卤水，将八角10克、豆蔻10克、桂皮15克、草果10克、山奈20克、花椒15克、白糖30克、味精60克、鸡精20克放入10L水中烧开，卤汁即成。
4. 将氽水后的鸭子放入卤汁中，锅开后转小火卤制40分钟即可。

菜品特点

盐水鸭是南京地区最负盛名的特色菜品之一，有着非常悠久的制作历史。该菜品看似简单的烹调过程，却对制作经验的要求非常高，火候不足则不够成熟，肉质不烂，火候过大则肉质汁水较少，质感柴硬。

主料			
整鸭 5000克			
调料			小料
盐 170克	八角 10克	山奈 20克	葱段 100克
味精 60克	豆蔻 10克	花椒 15克	姜片 100克
鸡精 20克	桂皮 15克		
白糖 30克	草果 10克		

孜然土豆鸡块

营养价值

鸡肉蛋白质含量较高，易被人体吸收并利用，有增强体力，强壮身体的作用，鸡肉中含有钾，氨基酸的含量也很丰富，因此可弥补牛肉及猪肉的不足。土豆中的蛋白质比大豆还好，最接近动物蛋白。土豆还含丰富的赖氨酸和色氨酸，这是一般粮食所不可比的。

品味

孜然是这道菜品味的灵魂，拥有一股独特而浓郁的香味，不但适合肉类烹调，也能够使素菜的口味大大提升。辣椒面给人微辣口感，打开味蕾，鸡肉经过油炸，外皮酥脆，内里软嫩，亦十分入味。

制作方法

1. 将鸡块清洗干净，加入盐 15 克、黄酒 20 毫升、生抽 15 毫升、老抽 5 毫升拌匀，再加入淀粉 50 克上浆。
2. 起一口油锅，油温在五成热时下入土豆，炸至金黄色断生，捞出备用；再下入上浆好的鸡块滑油，呈金黄色断生即可捞出。
3. 炒锅烧热，倒入色拉油 200 毫升，下入蒜子 50 克、姜片 30 克、香葱段 30 克、洋葱片 500 克，爆香，再下入鸡块和青红椒片翻炒。烹入黄酒 20 毫升，调入盐 15 克、味精 15 克、孜然粉 25 克、辣椒粉 30 克调味，最后放入土豆块翻炒均匀即可。

菜品特点

此菜根据安徽地区流行的烧烤口味而研发的一道菜肴。本菜具有质地软嫩，鲜辣咸香，营养丰富的特点，是非常适合大锅菜的一道菜肴。

主料			配料
鸡边腿块　2500 克			土豆块　1500 克
			洋葱片　500 克
			青红椒片　500 克
调料			小料
色拉油　200 毫升	孜然粉　25 克	淀粉　50 克	香葱段　30 克
盐　30 克	辣椒粉　30 克	生抽　15 毫升	姜片　30 克
味精　15 克	黄酒　40 毫升	老抽　5 毫升	蒜子　50 克

猪肉、牛肉篇

东坡肉

营养价值

五花肉位于猪的腹部，猪腹部脂肪组织很多，其中又夹带着肌肉组织，肥瘦间隔，故称“五花肉”。其含有丰富的优质蛋白质和必需的脂肪酸，并提供血红素（有机铁）和促进铁吸收的半胱氨酸，能改善缺铁性贫血；具有补肾养血，滋阴润燥的功效。

品味

关于此菜的烹饪秘诀，苏轼写有《炖肉歌》：“慢着火，少着水，柴火罨焰烟不起，待它自熟莫催火，火候足时它自美。”本来肥腻的五花肉经过文火慢炖，口感软烂，甜中带咸，鲜香醇厚，肉香浓郁，有着无穷的回味。

方法

1. 将五花肉 5000 克切成 5 厘米见方的肉块，放入烧热的油锅中，炸制表皮微黄。
2. 然后炒制糖色，锅上小火，倒入 200 毫升色拉油，再加入白糖 150 克，全程小火炒至白糖全部融化并起气泡，适时倒入开水 4 升。
3. 放入葱结 150 克、姜片 30 克，倒入炸好的五花肉，再放入八角 20 克、黄酒 100 毫升、老抽 25 毫升、白糖 50 克、盐 15 克，大火烧开，改小火焖烧 120 分钟。
4. 拣去料头，撒入味精 20 克调味，中火收汁，菜品即成。

特点

东坡肉这道菜和宋代文人苏轼有着很深的渊源，相传他在徐州做官时指挥军民筑堤抗洪保城。抗洪胜利后全城百姓欢欣鼓舞，宰猪杀羊送给苏轼。苏轼将之制成美味的红烧肉，回赠给百姓，深受百姓欢迎。后来苏轼又去黄州、杭州等地做官，将东坡肉也带到了这些地方，逐渐成为江南地区的特色美食。

熬制糖色时一定要注意火候，熬过了汤汁发苦，熬轻了不上色。

主　料			
三层五花肉　5000 克　切方块（5×5 厘米）			
调　料			小　料
色拉油　200 毫升	盐　15 克	老抽　25 毫升	生姜片　30 克
八角　20 克	黄酒　100 毫升		葱结　150 克
味精　20 克	白糖　200 克		

豆豉蒸排骨

营养价值

排骨有很高的营养价值，具有滋阴壮阳、益精补血的功效。猪排骨除含蛋白质、脂肪、维生素外，还含有大量磷酸钙、骨胶原、骨粘蛋白等，可为幼儿和老人提供钙质。豆豉既可食用，又可以入药，其营养价值高，食后有止痰清热、透疹解毒之效。

品味

如果说排骨的肉香为这道菜奠定了味道的基调，那豆豉则是调味的灵魂所在，让这道菜的味蕾体验一下生动起来。采用蒸制的烹调方法最大限度保存了食材的原汁原味，肉香浓郁、豆豉香醇，口感软嫩，唇齿留香。

制作方法

1. 将肋排5000克剁成3厘米长的小段，放入深锅中，加葱段50克、姜片30克腌制入味。将豆豉240克剁碎备用。
2. 然后炒制豆豉酱，起一口热锅，锅热倒入200毫升色拉油，加碎豆豉、蒜蓉70克、干辣椒末20克、黄酒80毫升、味精50克炒香待用。
3. 将腌制好的排骨加鸡蛋清50克、生粉60克上浆。铺入蒸盘，再铺上豆豉酱，码匀，放入蒸箱蒸制40分钟。
4. 蒸好后取出，拣出葱姜等，撒上小葱粒20克，菜品即成。

菜品特点

这道菜是粤菜美味、广式早茶名点之一“豉汁蒸排骨”的大锅菜做法。制作此菜的关键在于炒制豆豉酱，而蒜蓉又起到了重要而神秘的作用，将蒜蓉的香味炒出来，是成功的法门。

备注

熬制豆豉时一定要把蒜蓉的香味、炒制出来。

主料				
肋排骨　5000克　切段（3厘米×3厘米）				
调料			小料	
色拉油　200毫升	盐　50克	老抽　25毫升	姜片　30克	蒜蓉　70克
鸡蛋清　50克	黄酒　80毫升	干辣椒末　20克	葱段　50克	
味精　50克	豆豉　240克	生粉　60克	小葱粒　20克	

海派红烧肉

营养价值

五花肉位于猪的腹部，猪腹部脂肪组织很多，其中又夹带着肌肉组织，肥瘦间隔，故称“五花肉”。其含有丰富的优质蛋白质和必需的脂肪酸，并提供血红素（有机铁）和促进铁吸收的半胱氨酸，能改善缺铁性贫血；具有补肾养血，滋阴润燥的功效。

品味

这道菜口味偏甜，甜中有一点咸，一般的红烧肉会提前放盐，要肉有底味，这道菜要后放盐，为的就是突出肉的甜味。肉块肥瘦相间，色泽红润，吃到嘴里肥而不腻，香味醉人，是下饭菜的佳品。

制作方法

1. 将五花肉 5000 克放入锅中煮至六成熟后，取出切成 2 厘米见方的方丁。
2. 锅烧热，倒入 200 毫升色拉油，加冰糖 300 克，炒制糖色，再放入葱段 30 克、姜片 30 克、八角 10 克、桂皮 10 克炒香，倒入肉块，煸炒出油脂，烹入料酒 80 毫升、老抽 50 毫升，倒入开水 2 升，大火烧开后转小火焖炖 40 分钟。
3. 待肉熟后，中火收汁，呈棕红色，菜品即成。

菜品特点

海派红烧肉，顾名思义是一道上海菜，有着突出的上海美食风味的特点——甜。这道菜的做法有很多流派，本菜谱、的这道菜采用的是炒糖色的做法。上海本帮红烧肉的特色在于浓油、赤酱，靠的是小火慢炖、中火收汁做出肥而不腻、酥而不烂、甜而不粘、浓而不咸的味道。

主　料			
三层五花肉　5000 克　切块			
调　料			小　料
盐　30 克	老抽　50 毫升	桂皮　10 克	葱段　30 克
冰糖　300 克	色拉油　200 毫升		姜片　30 克
料酒　80 毫升	八角　10 克		

酱腿骨

营养价值

猪骨性温，味甘、咸，入脾、胃经，有补脾气、润肠胃等功效。骨头汤中含有的胶原蛋白，能增强人体制造血细胞的能力。

品味

这是一道令人大快朵颐的菜品，大口吃肉的感觉永远是最幸福的体验之一，猪骨烹调所产生的香味最能激发人的食欲。酱腿骨的做法虽然简单，却能充分激发肉中浓浓的香味，入口软烂，酱香四溢。

制作方法

1. 将腿骨 6000 克剁成 6 厘米见方的大块，放入冷水中大火烧开，然后焯水。猪腿骨捞出后洗净，控干水分。
2. 起一口油锅，烧至 8 成热，将腿骨下入油锅中微炸至金黄，然后捞出待用。
3. 将炒锅烧热，倒入色拉油 100 毫升，油热后下入葱段 50 克、姜片 30 克，八角 25 克、桂皮 25 克、排骨酱 250 克、辣椒酱 120 克、蚕豆酱 100 克。炒香后，加入白糖 50 克、黄酒 75 毫升、味精 30 克、盐 75 克调味，倒入开水 2 升。
4. 下入炸好的腿骨，大火烧开，转小火焖炖 50 分钟，即可出锅。

菜品特点

这是一道家常菜肴，媲美东北菜“大酱骨”。蚕豆酱、黄酒和白糖让这道菜的风味更加南方化一些。选用腿骨作为原材料，因为它更禁得住长时间的炖煮而肉质不会发柴，能够充分吸收酱料的味道并激发肉的香味。

主料			
腿骨　6000 克（6×6 厘米）　切块			
调料			**小料**
八角　25 克	蚕豆酱　100 克	白糖　50 克	生姜（厚片）　30 克
桂皮　25 克	味精　30 克	黄酒　75 毫升	葱段　50 克
排骨酱　250 克	盐　75 克		
辣椒酱　120 克	色拉油　100 毫升		

迷你糖排

营养价值

排骨有很高的营养价值，具有滋阴壮阳、益精补血的功效。猪排骨除含蛋白质、脂肪、维生素外，还含有大量磷酸钙、骨胶原、骨粘蛋白等，可为幼儿和老人提供钙质。

品味

腌制的过程中加入鸡蛋，使得排骨变得十分软嫩，与年糕口感相似，二者搭配相得益彰;糖醋汁酸甜适口，伴有番茄带来的浓郁香味，排骨经过炸制后香脆酸甜，是江南食客喜爱的美食。

方法

1. 将改刀后的软排3000克放入盆中，加盐20克，打入5个鸡蛋，拌匀后腌制片刻。
2. 将腌制好的排骨放入葱末70克、姜片60克、料酒60毫升，撒入生粉500克、面粉1000克，拌匀上浆。
3. 起一口油锅，倒入500毫升色拉油，烧至八成热，下入上浆后的排骨，炸至金黄色捞出控油。
4. 炒锅烧热，倒入色拉油100毫升，油热后下白糖200克、白醋250毫升、番茄沙司500克、鸡精30克、盐50克，烧至成糖醋番茄汁，将炸好的排骨倒入锅中，翻炒均匀。倒入在开水中氽烫过的年糕，菜品即成。

特点

迷你糖排，顾名思义，就是迷你版的糖醋排骨，在传统意义的糖醋排骨的基础上增加了年糕，并且简化了糖醋汁的烧制过程，使得这道菜的制作更加简单，成本更加低廉，更适合作为团餐的菜肴使用。

主料			配料
软排　3000克　切块			年糕　750克
调料			小料
色拉油　600毫升	盐　70克	番茄沙司　500克	葱末　70克
生粉　500克	鸡精　30克	鸡蛋　5个	姜片　60克
面粉　1000克	白糖　200克		
料酒　60毫升	白醋　250毫升		

糯米丸子烧肉

营养价值

五花肉位于猪的腹部，猪腹部脂肪组织很多，其中又夹带着肌肉组织，肥瘦间隔，故称“五花肉”。其含有丰富的优质蛋白质和必需的脂肪酸，并提供血红素（有机铁）和促进铁吸收的半胱氨酸，能改善缺铁性贫血；具有补肾养血，滋阴润燥的功效。糯米含有蛋白质、脂肪、糖类、钙、磷、铁、维生素B及淀粉等，具有温补壮体的功效。

品味

五花肉经过文火慢炖，肥而不腻，肉香浓郁，丸子外焦里嫩，脆爽而味美。

制作方法

1. 将五花肉 3500 克切块，放入冷水中烧开，捞出后，洗净、沥干。下入八成热的油锅，滑油后捞出。
2. 炒锅倒入色拉油 100 毫升，油热后下入生姜末 20 克、蒜子 30 克、八角 11 克、干辣椒 5 克、桂皮 8 克炒香，倒入番茄酱 200 克、黄酒 80 毫升、白糖 10 克、味精 15 克、盐 20 克调味，将滑油后的五花肉倒入锅中，倒入老抽 100 毫升，翻炒均匀后，倒入开水 2 升，大火烧开后转小火慢炖 60 分钟。
3. 将圆粒糯米 1250 克在蒸笼上蒸制 30 分钟后取出，加入肉末 250 克、葱粒 15 克、辣椒酱 65 克、盐 20 克拌匀，做成丸子，下油锅炸至金黄色捞出备用。
4. 五花肉炖好后倒入炸好的糯米丸子，烧制 3 分钟，淋上熟油 20 毫升，即可出锅。

菜品特点

这是南方一道常见的家常菜肴，由于准备工作比较多，非常适合用于团餐中大量制作。在红烧肉中加入糯米丸子，增添了菜肴中的碳水化合物，有利于营养的均衡，且丸子吸收了肉质，风味更佳。

主料			配料
去皮五花肉　3500 克　切块			圆粒糯米　1250 克　肉末　250 克
调料			小料
老抽　100 毫升	色拉油　100 毫升	白糖　10 克	生姜末　20 克
盐　40 克	淀粉　240 克	八角　11 克	蒜子　30 克
味精　15 克	辣椒酱　65 克	干辣椒　5 克	葱粒　15 克
黄酒　80 毫升	番茄酱　200 克	桂皮　8 克	

糖醋小排

营养价值

排骨有很高的营养价值，具有滋阴壮阳、益精补血的功效。猪排骨除含蛋白质、脂肪、维生素外，还含有大量磷酸钙、骨胶原、骨粘蛋白等，可为幼儿和老人提供钙质。

品味

这道菜色泽红亮，夺人眼球，排骨入口香嫩，且很有嚼劲，糖醋汁酸甜开胃，可冷食，亦可热食，受到南北各地广大食客的喜爱。

制作方法

1. 鲜小排洗净去血水，放入盆中。倒入料酒 30 毫升、盐 30 克、味精 20 克拌匀。再放入小苏打 5 克使肉质松软。加入清水 500 毫升，搅拌至颜色鲜亮。再打入 4 个鸡蛋，搅拌均匀，加入生粉 500 克和面粉 1000 克。面粉的比例是生粉的两倍，将粉搅拌均匀待用。
2. 起一口油锅，烧至八成热，将拌好的小排放入至锅中炸熟，至表面金黄即可。捞出沥油备用。
3. 炒锅烧热，倒入 50 毫升色拉油。放入白糖 50 克、番茄酱 800 克，煸炒出香气。倒入开水 1 升，将白糖 50 克和醋 100 毫升调成糖醋汁，倒入锅中，加入 50 克淀粉调成的水淀粉勾芡，炒好糖醋汁。
4. 将炸好的小排倒入锅中，翻炒均匀。淋上熟油 30 毫升，菜品即成。

菜品特点

糖醋小排是一道赫赫有名的浙菜菜肴，以色香味俱全著称。制作这道菜有两种流派：一种是番茄酱派；一种是纯糖醋派。二者有区别，亦有共通点，其中纯糖醋派则对火候和经验的要求比较高。本菜谱的这道菜肴二者流派兼用，以番茄酱为主，糖醋汁则是对色泽和口味有所调剂，以达到更好的效果，且降低了烹饪的难度。

主 料		
小排 5000 克 切块		
调 料		
色拉油 50 毫升	盐 30 克	生粉 500 克
白糖 100 克	小苏打 5 克	料酒 30 毫升
番茄酱 800 克	味精 20 克	醋 100 毫升
鸡蛋 4 个	面粉 1000 克	淀粉 50 克

无锡酱排

营养价值

排骨有很高的营养价值，具有滋阴壮阳、益精补血的功效。猪排骨除含蛋白质、脂肪、维生素外，还含有大量磷酸钙、骨胶原、骨粘蛋白等，可为幼儿和老人提供钙质。

品味

无锡排骨具有典型的“吴中风味”，油而不腻、酥软香甜，味道咸甜适中，肉香浓郁，是广大游客必点的佳品。

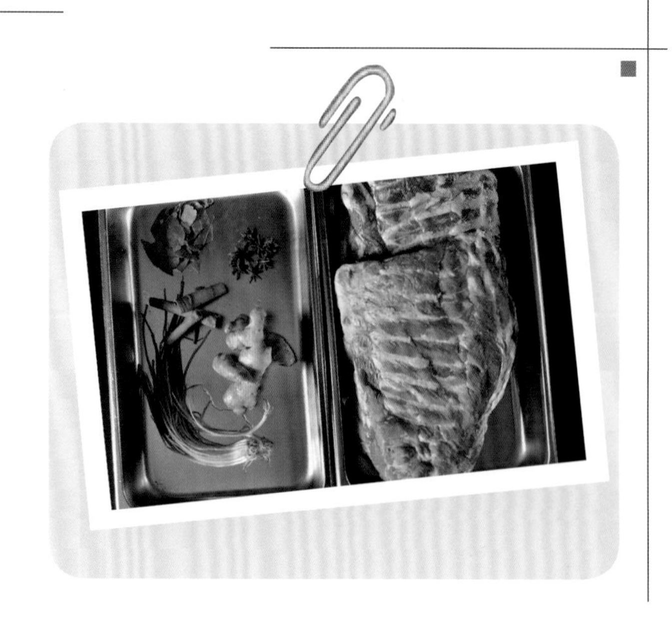

制作方法

1. 将排骨5000克剁成10厘米长的长块，将油锅烧至八成热，下入排骨，炸至金黄色捞出备用。
2. 锅内倒入色拉油350毫升，油温至五成热时，下入白糖600克，炒制糖色，然后下葱段50克、生姜块50克炒香，加入番茄酱400克、南乳汁150毫升，翻炒均匀，料汁即成。
3. 下入炸好的排骨，倒入1升开水，再加老抽50毫升、黄酒100毫升，烧制20分钟；再加入盐30克、味精20克，烧至10分钟，即可收汁起锅。

菜品特点

无锡排骨是苏菜的一道著名菜肴，别具风味，闻名中外。这道菜又名“无锡肉骨头”，天下制作排骨的方法众多，而无锡排骨何以有这么大名头呢？因为烹制这道菜的用料要求严格，要用猪软排，也就是市场上通常所说的“猪小排”，这部分肉层厚，肉质细嫩，并带有软骨，风味更佳；此外在调料的选用和适配量上也是非常讲究的。

主料			
软排　5000克　10厘米长块			
调料			小料
色拉油　350毫升	黄酒　100毫升	盐　30克	生姜块　50克
白糖　600克	番茄酱　400克	味精　20克	葱段　50克
老抽　50毫升	南乳汁　150克		

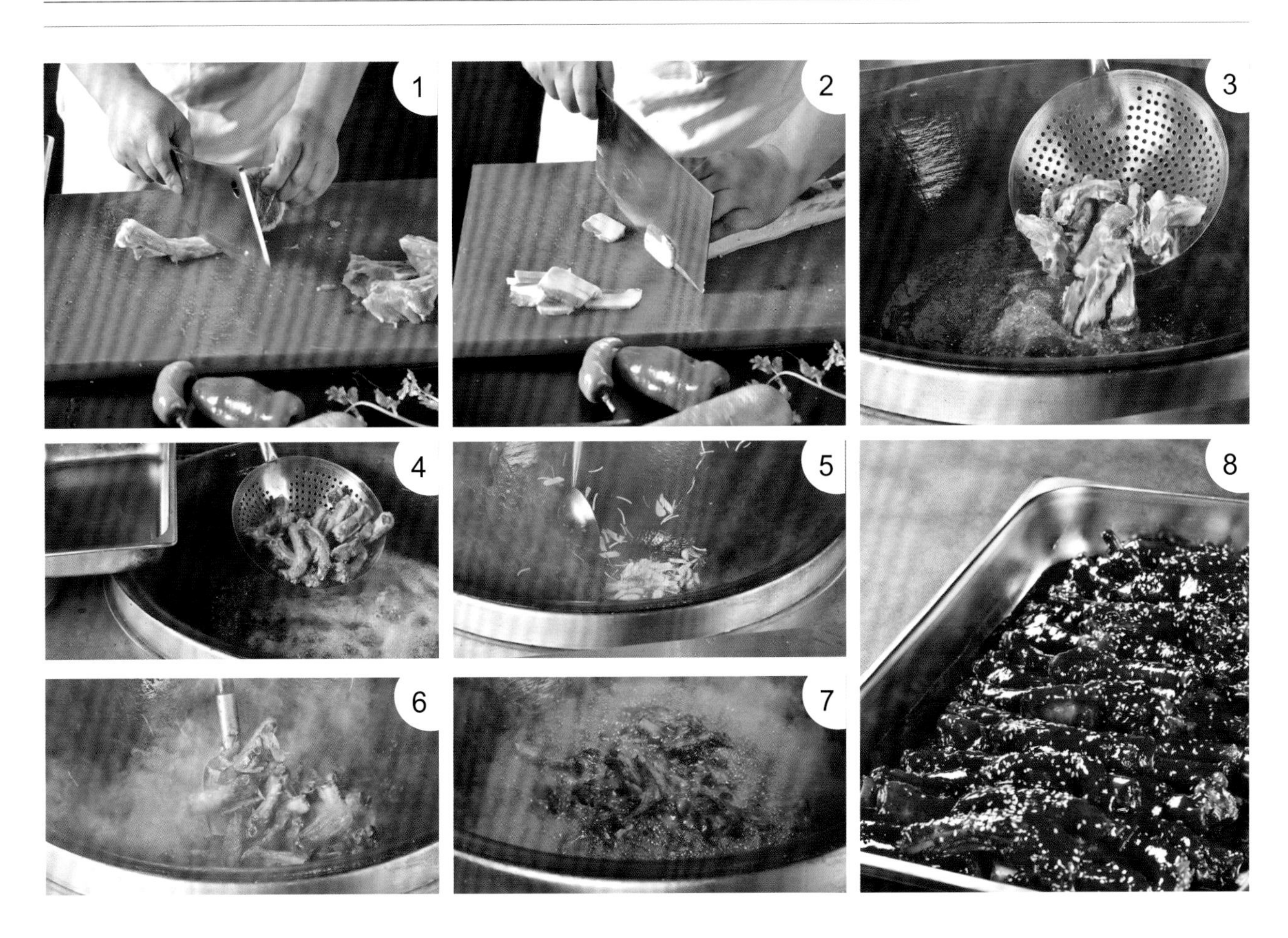

扬州狮子头

营养价值

五花肉位于猪的腹部，猪腹部脂肪组织很多，其中又夹带着肌肉组织，肥瘦间隔，故称“五花肉”。其含有丰富的优质蛋白质和必需的脂肪酸，并提供血红素（有机铁）和促进铁吸收的半胱氨酸，能改善缺铁性贫血；具有补肾养血，滋阴润燥的功效。

品味

狮子头入口柔绵鲜香，味道浓郁，给人以大口吃肉的快感，但肉质软嫩，入口即化，美味又变得有些短暂，这时需要再喝一口鲜美的汤汁，顿觉香味涌遍全身。

制作方法

1. 将去皮五花肉5000克用刀切成细粒，加入生姜末60克，打入鸡蛋500克，加入盐20克、味精50克。搅拌过程中可适当摔打，给肉上劲，再加入淀粉300克上浆，拌匀备用。
2. 把上好浆的肉馅捏成每个100克左右的肉圆，下入油温5成热的油锅中炸至定型，捞出备用。
3. 锅内倒入100毫升色拉油，放入姜片40克、葱段60克、干辣椒段30克炒香；再倒入蚝油80毫升继续煸炒几下。然后倒入开水5升、生抽240毫升，下入狮子头，大火烧开，转小火焖至60分钟，菜品即成。

菜品特点

这是一道淮扬菜的名菜，由五花肉丁制作而成，有清炖和红烧两种制作方法，本菜采用红烧法。这道菜配料简单而味道不简单，狮子头软而不散，五花肉肥而不腻，对制作者的手法要求很高。在水中焖炖的时间一定要长，才能有此口感。

主料		配料	
去皮五花肉　5000克　切小丁		鸡蛋液　500克	
调料		小料	
生抽　240毫升	蚝油　80毫升	生姜末　60克	葱段　60克
盐　20克	色拉油　100毫升	生姜片　40克	
味精　50克	淀粉　300克	干辣椒段　30克	

珍珠丸子

营养价值

糯米营养价值丰富，含有蛋白质、脂肪、糖类、钙、磷、铁、维生素 B1、维生素 B2、烟酸等物质；中医认为它是温补强壮食品，具有补中益气，健脾养胃，止虚汗之功效，对食欲不佳，腹胀腹泻有一定缓解作用。五花肉性平，味甘咸，含有丰富的蛋白质及脂肪、碳水化合物、钙、磷、铁等成分。猪肉是日常生活的主要副食品，具有补虚强身，滋阴润燥、丰肌泽肤的作用。

品味

这道菜清香细嫩，鲜鲜适口。五花肉为猪肉中的上品，肉香浓郁，经过摔打上劲后滑弹适口，表面一层糯米则充分吸收了肉香，入口软糯，略有粘牙，将猪肉的香味留存于口中。

方法

1. 将糯米1000克用清水浸泡120分钟后，沥水，备用；将30克淀粉制成水淀粉备用。
2. 肉馅入盆，加入葱末130克、姜末130克、盐130克、味精50克、黄酒120毫升，搅拌均匀，加入荸荠末1000克，将鸡蛋全部打入肉馅中，用手搅拌，摔打上劲，然后腌制15分钟。
3. 将肉馅制成50克左右的肉丸，滚上一层糯米，摆入蒸盘，放入蒸箱蒸制40分钟，然后取出摆盘。
4. 烧制料汁，锅热下油80毫升，油热下葱末20克、姜末20克，倒入水500毫升，加盐20克，锅开后倒入水淀粉勾成玻璃芡。将芡汁浇在丸子上，菜品即成。

特点

这是一道湖北的地方特色菜，相传起源于沔阳（今湖北省仙桃市）地区，沔阳为鱼米之乡，物产丰富，蒸菜流行，有“沔阳三蒸”之说，这道珍珠丸子就是其中一道招牌菜。本菜为蒸制而成，保持了食材的原貌，糯米白中微透猪肉的红色，每一粒米都颗粒分明，晶莹剔透。

肉馅一定要打上劲。打不上劲，蒸出的肉丸易松散，不成形。

主料	
肉馅 5000克	
调料	
盐 150克	黄酒 120毫升
味精 50克	鸡蛋 600克
淀粉 30克	盐 150克

配料
荸荠末 1000克　糯米 1000克
小料
葱末 150克
姜末 150克

粽香排骨

营养价值

猪排骨除蛋白质、脂肪、维生素外，还含有大量磷酸钙、骨胶原、骨粘蛋白等，可为幼儿和老人提供钙质。

品味

这道菜保留了粽叶的清香，又不失浓郁肉香；排骨经过腌制，腥味尽除，肉香四溢，糯米充分吸收了排骨中汁水的香味，十分美味。

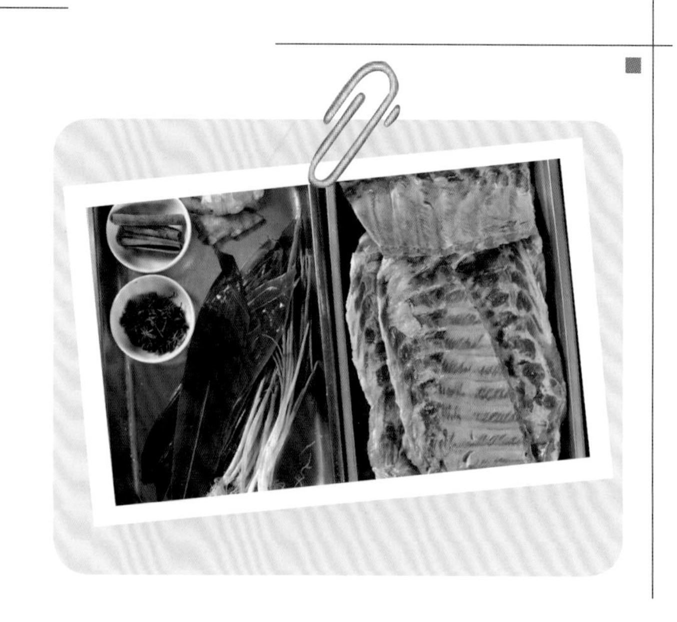

制作方法

1. 将猪肋排切成7.5厘米的长段，放入盆中，加入盐125克，鸡精200克、黄酒75毫升、胡椒粉15克、蒜末30克、生姜末50克、香葱末75克、洋葱丝250克、香菜段50克，倒入色拉油250毫升，搅拌均匀，放入冰箱腌制5小时。
2. 将干粽叶和糯米放入温水，浸泡2小时，然后取出沥干水分，糯米中拌入白糖25克。
3. 取出腌制好的排骨，拣去残渣，将排骨沾满糯米后，裹上粽叶，摆入蒸笼，上笼蒸制30分钟，菜品即成。

菜品特点

吃粽子是中华民族的传统民俗，制作粽子南北有差异，南方喜食肉粽，而这道粽香排骨则是江南地区人家中常做的一道美食，制作方法简单，品味上佳，营养丰富，深受人们喜爱。

主料			配料
猪肋排　3500克			粽叶　0.4（干的） 糯米　1.6（干的）
调料			小料
洋葱丝　250克	糖　25克	盐　125克	蒜末　30克
青椒　200克	胡椒粉　15克	色拉油　250毫升	生姜末　50克
芹菜　150克	鸡精　200克	黄酒　75毫升	香葱末　75克
香菜段　50克	胡萝卜　50克		

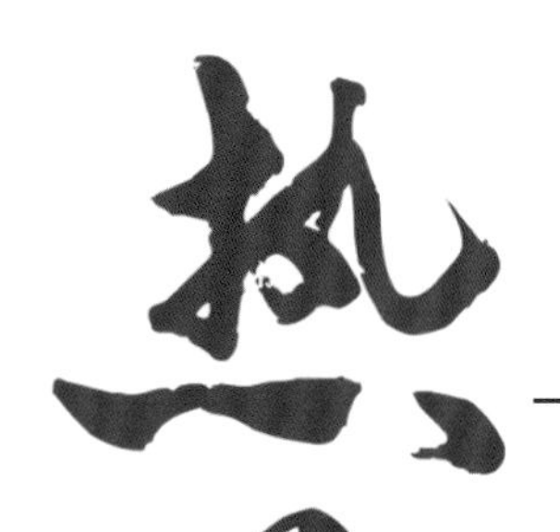

热菜篇

干豆角烧肉

营养价值

干豆角是一种营养丰富的菜品。能为人体提供大量蛋白质和大量的碳水化合物与维生素，人体吸收这些成分以后能有效提高身体各器官机能，减少各种疾病的发生。

品味

五花肉经过文火慢炖，口感软烂，甜中带咸，鲜香醇厚，肉香浓郁；干豆角仿佛积累了时间的味道，比鲜豆角更佳醇厚，并且吸收了肉汁的浓香，十分美味。

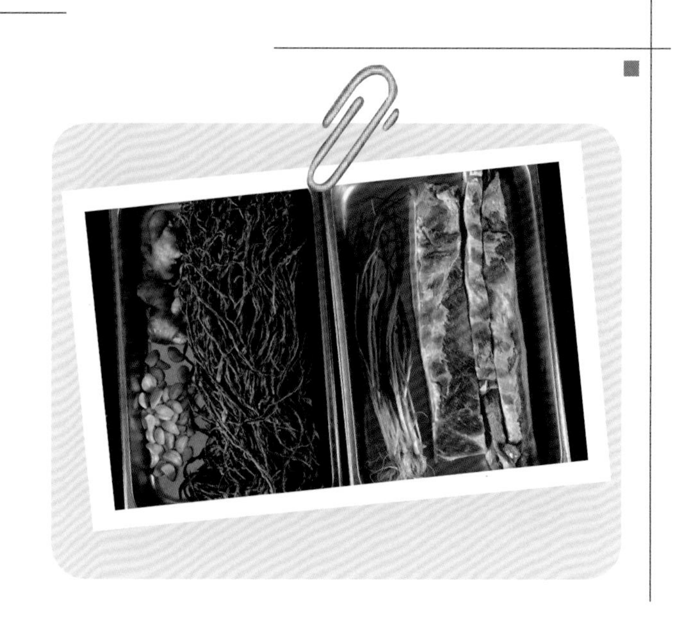

制作方法

1. 将五花肉 2500 克切成小块待用。将干豆角用温水泡软，洗净后，切段，待用。
2. 炒锅烧热，倒入色拉油 50 毫升，下入五花肉块，小火煎出油脂，待到表面微黄，下入姜片 20 克、蒜子 20 克、香葱段 20 克、八角 5 克、干辣椒 15 克炒香。再加入料酒 10 毫升、酱油 20 毫升、白糖 20 克调味上色，倒入开水 2.5 升。大火烧开，转小火烧至 30 分钟。
3. 再加入干豆角段 750 克，烧制 20 分钟收汁，撒入盐 20 克、味精 20 克，菜品即成。

菜品特点

干豆角是豇豆经过煮熟、脱水后的形态，可长期保存。这种方法是以前物质资源匮乏年代保存食物的智慧，泡发后即可使用，不但味道鲜美，而且完整地保留了营养。

主　料			配　料
五花肉　2500 克　切块			干豆角段　750 克
调　料			小　料
盐　20 克	料酒　10 毫升	干辣椒　15 克	香葱段　20 克
味精　20 克	酱油　20 毫升	八角　5 克	姜片　20 克
白糖　20 克	色拉油　50 毫升		蒜子　20 克

马齿苋蒸腊肉

营养价值

腊肉中磷、钾、钠的含量丰富，还含有脂肪、蛋白质、碳水化合物等元素；中医认为腊肉性咸、甘平，具有开胃祛寒、消食等功效。马齿苋营养价值丰富，降低血液中胆固醇浓度，改善血管壁弹性，对防治心血管疾病很有利。

品味

腊肉肉质紧实，脂肪如蜡，肥而不腻，咸香诱人，熏香浓郁，食之不腻。马齿苋味道浓厚，比较强烈，经过炒制后奠定底味，而蒸制后，腊肉的油脂浸入菜中，给野菜的鲜美赋予了另外一种非常独特的香味。

制作方法

1. 将干马齿苋 1500 克用温水浸泡涨发后，用清水清洗干净，待用。
2. 炒锅烧热，倒入猪油 150 毫升克，下入干辣椒 20 克、姜片 20 克、香葱粒 30 克煸香，下入泡好的马齿苋，加入盐 50 克、老抽 50 毫升、胡椒粉 20 克、鸡精 50 克调味，加入少许水，炒出香味即可。
3. 将炒好的马齿苋放入托盘内，把腊肉片摆放在上面，放入蒸箱蒸制 20 分钟，菜品即成。

菜品特点

马齿苋是一种非常常见的田间野菜，广泛生长在我国南北绝大部分地区，许多人的记忆中都有晾晒马齿苋的印象。如今这种野菜已经实现商业化种植，走向市场。这道菜是一道家常菜肴，做法以传统蒸制为主，以腊味入菜，别具风味。

主料		配料
腊肉　2000 克　切片		干马齿苋　1500 克
调料		小料
猪油　150 克	胡椒粉　20 克	姜片　20 克
盐　50 克	鸡精　50 克	香葱粒　30 克
老抽　50 毫升	干辣椒　20 克	

梅干菜烧肉

营养价值

五花肉位于猪的腹部，猪腹部脂肪组织很多，其中又夹带着肌肉组织，肥瘦间隔，故称“五花肉”。其含有丰富的优质蛋白质和必需的脂肪酸，并提供血红素（有机铁）和促进铁吸收的半胱氨酸，能改善缺铁性贫血；具有补肾养血，滋阴润燥的功效。梅干菜营养价值较高，其胡萝卜素和镁的含量尤显突出。其味甘，可开胃下气、益血生津、补虚劳。年久者泡汤饮，治声音不出。

品味

这道菜肉色红亮、梅菜棕红、香气浓厚、肉质软烂、咸鲜适口，梅干菜饱含肉汁，润而不柴，猪肉油而不腻，食之满口留香。

制作方法

1. 将猪五花肉 4000 克切成 2 厘米见方的小块，放入凉水中烧开，氽水后捞出待用。将梅干菜用温水浸泡涨发，再用清水冲洗去除泥沙。
2. 炒锅烧热，下入色拉油 200 毫升，加入八角 10 克爆香，下入冰糖 300 克炒制糖色，待呈现出琥珀色，下入五花肉快翻炒上色，肉煸炒透呈现金黄色，再下入葱段 30 克、姜片 30 克、蒜片 30 克煸香，下入梅干菜炒至干香，然后倒入老抽 10 毫升、料酒 50 毫升、味精 20 克调味，注入开水 2 升，大火烧开转小火焖炖 40 分钟。
3. 最后撒入盐 30 克调味，大火收汁，菜品即成。

菜品特点

梅干菜烧肉是浙江绍兴地区的一道传统名菜，梅干菜能够吸收肉中油脂从而去除涩味。五花肉经过焖炖，油脂被梅干菜吸收，从而实现肥而不腻的效果。这一奇妙的组合让两种具有明显短处的食材能够相互作用，相得益彰，堪称绝配。

主　料			配　料
猪五花肉　4000 克　切块			梅干菜　1000 克　切小段
调　料			小　料
色拉油　200 毫升	料酒　50 毫升	八角　10 克	葱段　30 克
冰糖　300 克	味精　20 克		蒜片　30 克
老抽　10 毫升	盐　30 克		姜片　30 克

肉丝馓子

营养价值

馓子是用油水面搓条炸制而成，主要营养成分是脂肪及碳水化合物，属高热量、高油脂类食物，不宜多食。

品味

馓子色泽黄亮，层叠陈列，轻巧美观，干吃香脆可口，以肉丝入味，高汤升华味道，入碗时佐以葱花，可谓糯软芳香，落口消融。

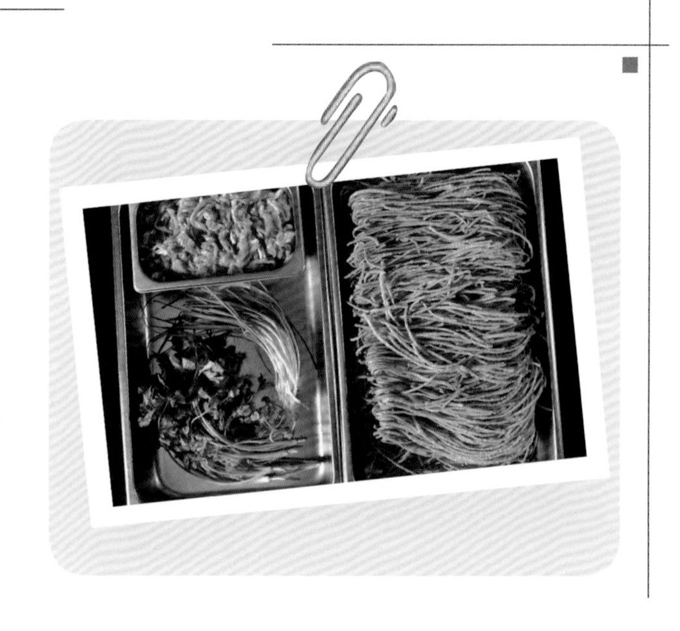

制作方法

1. 将馓子放入碗中备用。肉丝入盆，加入盐 5 克、淀粉 20 克，倒入清水少许，腌制上浆待用。将 30 克淀粉制成水淀粉备用。
2. 炒锅烧热，倒入色拉油 100 毫升，油温至五成热时下入上浆好的肉丝滑炒，加入胡椒粉 20 克、生抽 100 毫升、鸡精 50 克调味上色，倒入高汤 1000 毫升烧开，用水淀粉勾芡。
3. 将汤汁浇在馓子上，撒上小葱花 50 克，菜品即成。

菜品特点

馓子古人称寒具，《本草纲目・谷部》：“寒具，即今馓子也，以糯粉和面，入小盐，牵索纽捻成环钏之形，油煎食之。”南方馓子多以米面为主料，加以汤汁后入口即化。肉丝馓子则是长沙火宫殿的一道著名小吃，随着火宫殿小吃的流行，这种做法也传到了全国各地。

主料			配料
馓子　2000 克　整片			肉丝　250 克　切丝
调料			**小料**
色拉油　100 毫升	胡椒粉　20 克	生抽　100 毫升	小葱花　50 克
盐　5 克	水淀粉　50 克		
鸡精　50 克	高汤　1000 毫升		

1

2
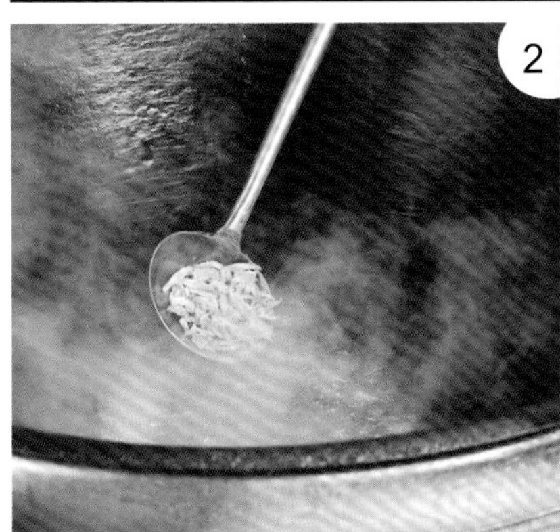

3

4

山芋粉烧肉

营养价值

山芋富含蛋白质、淀粉、果胶、纤维素、氨基酸、维生素及多种矿物质，有“长寿食品”之誉，营养价值很高。有抗癌、保护心脏、预防肺气肿、糖尿病、减肥等功效，被营养学家们称为营养最均衡的保健食品。

品味

五花肉经过汆水和长时间的炖制，油脂融入汤汁中，又浸入山芋块中，既保留了香味和营养价值，又中和了油腻，平衡了口味。五花肉经过文火慢炖，口感软烂，甜中带咸，鲜香醇厚，肉香浓郁，有着无穷的回味。

制作方法

1. 将五花肉切块，冷水下锅至烧开，氽水待用。
2. 炒锅烧热，倒入色拉油 200 毫升，下入白糖 150 克炒制糖色，然后倒入开水 3 升，下入八角 10 克、生姜 50 克、葱段 50 克调味，放入五花肉块，大火烧开后转小火慢炖 30 分钟。
3. 将山芋粉加入 1 升清水浸泡 10 分钟，浸泡好后加入盐 5 克，均匀搅拌成糊状。
4. 炒锅烧热，加入色拉油 10 毫升，将山芋粉倒入锅中搅拌，做成饼状，盛出后切成块状，再下入五花肉中烧制入味，加入青红椒，撒入盐 20 克、味精 10 克调味，菜品即成。

菜品特点

山芋，其实就是我们通常所说的地瓜、红薯，从明代传入我国后，不同地区的叫法非常混乱，才形成了今天很多种名称的情况。这道菜是红烧肉加配料的做法，配料选择山芋是很有讲究的，它更有利于吸收肉汁的浓香，缓解油腻。

主　料		配　料
五花肉　2500 克　切块		山芋粉　1500 克　　青红椒　100 克　切丁
调　料		小　料
色拉油　210 毫升	盐　25 克	生姜　50 克
八角　10 克	味精　10 克	蒜子　50 克
老抽　15 毫升	白糖　150 克	葱段　50 克

香菇肉酱蒸冬瓜

营养价值

冬瓜含维生素C较多，且钾盐含量高，钠盐含量较低，高血压、肾脏病、浮肿病等患者食之，可达到消肿而不伤正气的作用。香菇具有高蛋白、低脂肪、多糖、多种氨基酸和多种维生素的营养特点；香菇中有一种一般蔬菜缺乏的麦角甾醇，它可转化为维生素D，促进体内钙的吸收，并可增强人体抵抗疾病的能力。

品味

蒸制的方法最易保留食材本身的味道，干香菇经水发后香气四溢，未及入口，只闻味道就令人食欲大开，猪肉末则更给香味增加了厚重感，与冬瓜的清淡形成对比。

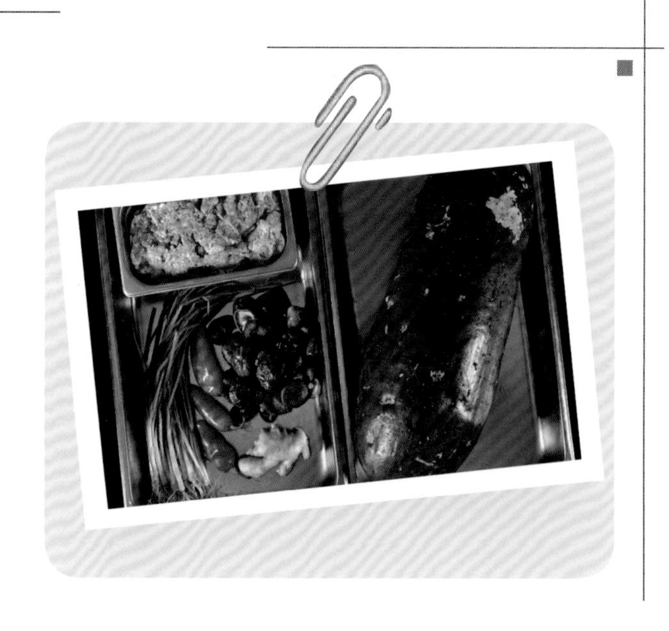

制作方法

1. 将冬瓜削皮，切成厚片，码入托盘，均匀撒上盐 10 克待用。
2. 干香菇 500 克泡发后，改刀成丁状，放入开水，焯水 3 分钟后捞出待用。将 15 克淀粉制成水淀粉待用。
3. 炒锅烧热，倒入色拉油 100 毫升，下入姜末 25 克、蒜末 25 克、葱末 25 克炒香。下入猪肉末 500 克，煸炒至微黄，再下入豆瓣酱 300 克、黄豆酱 300 克、蚝油 150 毫升、老抽 20 毫升、白糖 30 克、味精 30 克、鸡精 30 克调味，倒入开水 500 毫升，锅开后倒入香菇、水淀粉勾薄芡，制成香菇酱。
4. 将香菇酱浇在冬瓜上，入蒸箱蒸制 35 分钟，菜品即成。

菜品特点

蒸菜是追求健康养生人士的不二之选，烹饪过程不产生有害物质，且最能保存食物营养。香菇肉酱蒸冬瓜是一道简单易做的蒸菜，鲜香美味，营养丰富。

主料			配料
冬瓜　4000 克　切厚片			干香菇　500 克　猪肉末　500 克
调料			小料
色拉油　100 毫升	味精　30 克	盐　10 克	蒜末　25 克
豆瓣酱　300 克	白糖　30 克	淀粉　15 克	葱末　25 克
黄豆酱　300 克	老抽　20 毫升		姜末　25 克
蚝油　150 毫升	鸡精　30 克		

雪菜冬笋炒肉丝

营养价值

雪菜具有解毒消肿、开胃消食、温中利气等功效；冬笋是一种富有营养价值并具有医药功能的美味食品，质嫩味鲜，清脆爽口。含有蛋白质和多种氨基酸、维生素、以及钙、磷、铁等微量元素以及丰富的纤维素。

品味

雪菜色泽鲜黄、香气浓郁、滋味清脆鲜美，冬笋鲜味十足，口感脆爽，二者口味偏于清淡，与肉丝搭配，增加了浓郁的肉香，可谓相得益彰。

制作方法

1. 将猪肉切丝，放入盆中，加盐 10 克、料酒 20 毫升、淀粉 30 克，搅拌均匀，上浆待用。
2. 将冬笋 1500 克放入开水中，焯水 5 分钟，捞出待用；将雪菜放入开水中焯水 2 分钟，捞出，待用。
3. 炒锅烧热，下入色拉油 100 毫升，油温在五成热时，下入上浆好的肉丝进行滑炒。炒熟后加酱油 20 毫升、料酒 10 毫升上色。下入干辣椒段 5 克、蒜末 5 克、姜末 5 克炒香。再依次下入雪菜、冬笋、青红椒，翻炒 1 分钟。加盐 10 克、味精 20 克、白糖 20 克调味。至炒干水分，菜品即成。

菜品特点

这是一道经典的浙菜菜肴，雪菜和冬笋均是江南地区特产，雪菜经过腌制，时间升华了它的美味；冬笋是一道应季菜肴，并且一定要经过沸水处理才能去除苦涩之味，变得异常鲜美。这道菜香辣适口，非常下饭，亦可拌面食用，广为流传。

主料			配料
雪菜　2000 克　切丁	猪肉　5000 克　切丝	冬笋　1500 克　切丝	青椒段　150 克　切丝
调料			**小料**
盐　10 克	料酒　30 毫升	淀粉　30 克	干辣椒段　5 克
味精　20 克	酱油　20 毫升		姜末　5 克
白糖　20 克	色拉油　100 毫升		蒜末　5 克

梁园小炒

营养价值

富含蛋白质及维生素。

制作方法

1. 锅内放油 100 毫升，将肉片煸香。加京葱片 500 克翻炒，再放入青红椒 200 克、水发木耳 150 克、白干片一起翻炒。
2. 加入盐 30 克、老抽 15 毫升、白糖 10 克、生抽 20 毫升、味精 15 克翻炒均匀，起锅前加陈醋 25 毫升。
3. 炒至断生，勾芡淋明油即可出锅。

菜品特点

葱香浓郁，实为佐酒下饭的好菜。

主料		配料	
前夹肉片 500 克		白干片 3 个	青红椒片 200 克
		京葱片 500 克	水发木耳 150 克
调料		**小料**	
盐 30 克	白糖 10 克	葱末 125 克	
老抽 15 毫升	生抽 20 毫升	姜末 125 克	
味精 15 克	陈醋 25 毫升		

毛血旺

营养价值

含有丰富的微量元素，如铁、钾等，此菜属于高热量食物。

品味

毛血旺以鸭血为制作主料，烹饪技巧以煮菜为主，口味属于麻辣味。起源于重庆，流行于重庆和西南地区，是一道著名的传统菜式。

毛血旺是重庆市的特色菜，也是渝菜的鼻祖之一，已经列入国家标准委员会《渝菜烹饪标准体系》。

制作方法

1. 锅中烧水，土豆粉氽水至熟时捞出。放入餐具中。锅中放入鸭血 2500 克、午餐肉、黄喉各 500 克，煮 1 分钟，捞起待用。锅中再放入 500 克毛肚煮 5 秒钟后捞出，待用。
2. 锅内加水，放入火锅底料 600 克及鸭血、黄喉、午餐肉、毛肚等，煮出味道，调入鸡精 30 克、味精 30 克、花椒面 15 克，起锅装入盘中。
3. 净锅后，放入色拉油烧至 4 成热，下入蒜末 50 克、青花椒 50 克、干红椒段 100 克炝香，淋入盘中。

菜品特点

麻辣开胃，鲜味十足，口味重的人比较喜欢。

主料	配料	
鸭血　2500 克	黄喉　500 克	毛肚　500 克
	午餐肉　500 克	

调料			小料
干红椒段　100 克	火锅底料　600 克	花椒面　15 克	土豆粉　1000 克
青花椒　50 克	味精　30 克		葱花　50 克
香菜段　30 克	鸡精　30 克		蒜末　50 克

素菜篇

炖冬瓜

营养价值

中医认为，冬瓜味甘、性寒，具有消热、利水、消肿的功效。此外，冬瓜含钠较低，对动脉硬化症、冠心病、高血压、肾炎、水肿膨胀等疾病有一定的辅助治疗作用。

品味

五花肉经过煸炒，炒出油脂，肥而不腻，香气四溢，浸入冬瓜之中。清香与厚重相结合，形成了这道菜肴独特的风味。

制作方法

1. 将冬瓜 2500 克洗净、去皮，切成大方块，备用。
2. 炒锅烧热，倒入色拉油 150 毫升，倒入五花肉片，煸炒出香味。再加入开水 1 升，将冬瓜倒入锅中，加入综合汁 200 毫升。
3. 锅开后，转小火慢炖 30 分钟。然后盛盘，撒入 50 克小葱花，菜品即成。

菜品特点

冬瓜广泛栽种于热带、亚热带区域，是我国南方地区普遍种植的蔬菜品种。炖冬瓜是一道简单易做的家常菜，广受人们喜爱。

主　料	小　料	调　料	配　料
冬瓜　2500 克	小葱花　50 克	五花肉　250 克	综合汁　200 毫升
			色拉油　150 毫升

炖干笋

营养价值

干笋含有丰富的蛋白质、氨基酸、脂肪、糖类、钙、磷、铁、维生素 B1、维生素 B2、维生素 C。干笋的蛋白质比较优质，以及在蛋白质代谢过程中占有重要地位的谷氨酸和有维持蛋白质构型作用的胱氨酸，都有一定的含量，为优良的保健蔬菜。

品味

笋干口感香脆，并具有独特的味道，吸收了猪肉浓郁的香味，给人以更加丰富的味觉体验。

制作方法

1. 将干笋 3500 克切成段，咸猪油 100 克切成丁，五花肉 250 克切成片，待用。
2. 起一口炒锅，锅热，下入咸猪油丁。干煸至金黄色，再下入五花肉片，煸出油脂，放入生姜片 20 克、小葱段 20 克、干辣椒段 30 克炒香，再放入干笋煸炒。
3. 锅内倒入开水 1 升，加入盐 45 克，味精 25 克，转小火炖制 25 分钟，菜品即成。

菜品特点

竹笋是我国南方地区人们最为喜爱的食材之一，笋干则将竹笋的美味保存在了时间中，使之一年四季成为人们餐桌上的美味。以笋干入菜，有很多经典的菜肴，而一道简单的炖笋干则是江南地区最为经典的美食。

主　料	小　料	调　料	配　料
干笋　3500 克	生姜片　20 克	盐　45 克	咸猪油　100 克
	小葱段　20 克	味精　25 克	五花肉　250 克　切片
		干辣椒段　30 克	

剁椒蒸豆角

营养价值

长豆角又称豇豆，豇豆提供了易于消化吸收的优质蛋白质，适量的碳水化合物及多种维生素、微量元素等，可补充机体营养素。中医认为豇豆有健脾补肾的功效，对尿频、遗精及一些妇科功能性疾病有辅助功效。李时珍称“此豆可菜、可果、可谷，备用最好，乃豆中之上品”。

品味

这道菜香辣爽口，鲜香美味，口感清脆，并且具有多层次的味觉体验，是下饭的佳肴。

方法

1. 将长豆角 4000 克洗净，切成 30 厘米长的段，再加入淀粉 200 克拌匀，然后下入七成热的油锅中过油，捞出盛入蒸盘中，待用。
2. 炒锅烧热，倒入色拉油 100 毫升，下入沥干水分的剁椒 400 克和蒜末 100 克，煸炒出香味，待用。
3. 另起一口锅，倒入色拉油 100 毫升，下入肉末炒香，加入味精 150 克、鸡精 30 克、蚝油 150 毫升、麻油 90 毫升、白糖 60 克调味，再下入炒香后的剁椒，翻炒片刻后，淋在豆角上。
4. 豆角淋上蒸鱼豉油 100 毫升，上笼蒸制 30 分钟后取出。撒上小葱花 100 克，淋上烧热的色拉油 100 毫升，菜品即成。

特点

这是一道颇具创意的菜肴，灵感源于湘菜名菜“剁椒鱼头”。由于豆角味道较淡，则增加了猪肉末，并采用了多种特色调味料，提升了整道菜品的香气。

豆角要充分烧熟

主料			小料
长豆角　4000 克			小葱花　100 克　蒜末　100 克
调料			配料
色拉油　300 毫升	蒸鱼豉油　100 毫升	麻油　90 毫升	肉末　500 克
味精　150 克	蚝油　150 毫升	白糖　60 克	剁椒　400 克
鸡精　30 克	淀粉　200 克		红椒　200 克

宫保杏鲍菇

营养价值

杏鲍菇营养丰富，富含蛋白质、碳水化合物、维生素及钙、镁、锌等矿物质，提高人体免疫力功能，对人体具有抗癌、降血脂以及美容等作用。

品味

杏鲍菇口感软嫩，代替鸡丁，颇有几分神似，并且为这道菜肴带来了不一样的营养价值。宫保汁酸甜适口，甜中有辣，属于复合味型，非常下饭，广受中小学生喜爱。

制作方法

1. 将杏鲍菇 3000 克洗净、切丁，放入沸水中焯水，然后捞出，沥干水分，待用。将 100 克淀粉制成水淀粉待用。
2. 炒锅烧热，倒入色拉油 250 毫升，放入蒜末 30 克、葱末 30 克、宫保酱 400 克煸炒出香味，然后倒入胡萝卜丁、青椒丁，翻炒 3 分钟，再倒入杏鲍菇、黄瓜丁 1000 克、花生米 250 克，加入味精 20 克、酱油 10 毫升、料酒 30 毫升、陈醋 15 毫升、白糖 20 克、盐 40 克调味。
3. 倒入水淀粉勾芡，食材裹上汁后，即可盛盘。

菜品特点

宫保杏鲍菇是由负有盛名的川菜宫保鸡丁演化而来，由杏鲍菇、胡萝卜、青椒、黄瓜等炒制而成。由于食材简单易得，又适合下饭，因此成为一道广受百姓欢迎的家常菜。

主　料		
杏鲍菇　3000 克		
调　料		
色拉油　250 毫升	陈醋　15 毫升	酱油　10 毫升
料酒　30 毫升	盐　40 克	宫保酱　400 克
白糖　20 克	味精　20 克	淀粉　100 克

小　料	
蒜（切末）30 克　葱（切末）30 克	
配　料	
胡萝卜丁　500 克	花生米　250 克
青椒丁　500 克	
黄瓜丁　1000 克	

红椒蒸白干

营养价值

豆腐是一种以黄豆为主要原料的食物，含有高蛋白、低脂肪，还含有铁、钙、磷、镁和其他人体必需的多种微量元素，素有“植物肉”之美称。豆腐具有降血压、降血脂、降胆固醇的功效。

品味

蒸制的方法既保留了豆干独有的香味，又使红椒、剁椒的鲜辣与之很好的融合，形成了酱香浓郁、香辣爽口的风味，是下饭佳品。

红椒蒸白干

方法

1. 红椒1000克切丁，加入蒜末50克、盐5克腌制，待用。
2. 起一口炒锅，锅热，倒入色拉油100毫升，下入腊猪油丁，煸炒出油。再下入红椒丁1000克、剁椒1000克煸炒出香气，待用。
3. 将白干4000克加入葱油汁100毫升、蚕豆酱250克、辣椒酱150克、白糖10克、味精50克、葱末50克、蒜末100克，拌匀后，码入蒸盘，撒上一层炒制好的红椒酱，上锅蒸制20分钟，菜品即成。

特点

豆腐相传是今天安徽地区的人们发明的，至今，安徽地区的人们仍然非常喜爱豆制品制作的菜肴。这道菜是将豆干入味后，加入红椒、剁椒蒸制而成，制作方法简单，风味独特。

主料			配料
白干　4000克			红椒丁　1000克　剁椒　1000克
调料			小料
色拉油　100毫升	辣椒酱　150克	盐　5克	腊猪油（小块）　100克
葱油汁　100毫升	味精　50克		葱末　50克
蚕豆酱　250克	白糖　10克		蒜末　150克

黄金山药

营养价值

山药具有健脾、补肺、固肾、益精等多种功效。并且对肺虚咳嗽、脾虚泄泻、肾虚遗精、带下及小便频繁等症，都有一定的疗补作用。山药含有可溶性纤维，能推迟胃内食物的排空，控制饭后血糖升高。还能助消化、降血糖，用于糖尿病脾虚泄泻。

品味

山药口感清脆，咸蛋黄则奠定了咸香的底味，鲜香可口，美味入味。

制作方法

1. 将山药5000克洗净后削皮，切滚刀块，将蛋黄上锅蒸熟，然后压碎，待用。
2. 将50克淀粉与山药混合，拍粉后，下入油锅，将山药炸至金黄色。
3. 起一口炒锅，下入50毫升色拉油，下入咸蛋黄煸炒。再下入山药，加入盐50克、鸡精20克、味精10克调味，撒上小葱花50克，菜品即成。

菜品特点

顾名思义，这道菜由它的颜色得来，咸蛋黄本身就是金黄色，山药经过拍粉后炸熟，山药犹如披了一层黄金甲，非常好看。

主 料	小 料	调 料		配 料
山药　5000克	小葱花　50克	盐　50克	淀粉　50克	咸蛋黄　30个
		鸡精　20克	色拉油　50毫升	
		味精　10克		

徽州粉丝丸子

营养价值

猪肉是目前人们餐桌上重要的动物性食品之一，猪脊肉含有人体生长发育所需的丰富优质蛋白、脂肪、维生素等，而且肉质较嫩，易消化。

品味

这道菜色泽红亮，口味咸鲜，肉香浓郁，香辣爽口，非常下饭。

制作方法

1. 将成品粉丝肉丸 4000 克解冻、待用，木耳 500 克浸泡 2 小时后捞起，待用。
2. 锅热后，下猪油 150 毫升、色拉油 150 毫升，下入姜片 200 克、小葱段 100 克、蒜子 200 克炒香，倒入辣椒酱 200 克、蚝油 100 克，煸炒出香味。
3. 将粉丝肉丸倒入锅中，加入高汤至没过肉丸，调入盐 50 克、鸡精 50 克、老抽 50 毫升、胡椒粉 20 克，盖上锅盖焖烧 10 分钟。
4. 打开锅盖，倒入木耳 500 克、青椒片 250 克、红椒片 250 克，大火收汁，菜品即成。

菜品特点

粉丝肉丸是一道传统的徽菜名菜，是黄山地区的地方家常菜，做法以传统的红焖为主，广受当地百姓喜爱。

主　料		
粉丝肉丸　4000 克		
调　料		
猪油　150 毫升	老抽　50 毫升	蚝油　100 克
色拉油　150 毫升	胡椒粉　20 克	辣椒酱　200 克
盐　50 克	鸡精　50 克	

配　料
木耳　500 克　青椒片　250 克　红椒片　250 克
小　料
姜片　200 克
小葱段　100 克
蒜子　200 克

韭菜蛋饼炖豆腐

营养价值

鸡蛋几乎含有人体必需的营养物质，如蛋白质、脂肪、卵黄素、卵磷脂、维生素和铁、钙、钾等，被人们称作“理想的营养库”。豆腐营养丰富，含有铁、钙、磷、镁等人体必需的多种微量元素，还含有糖类、植物油和丰富的优质蛋白，素有“植物肉”之美称。

品味

韭菜和高汤是这道菜味道的灵魂，而鸡蛋则更添鲜香之感，汤鲜味美，色彩碧绿。

制作方法

1. 将鸡蛋 1500 克打入盆中，搅拌均匀，加入盐 80 克、味精 30 克、鸡精 20 克、胡椒粉 20 克。
2. 将韭菜末 1000 克倒入鸡蛋液中，搅拌均匀，摊成鸡蛋饼，切成小块。
3. 将豆腐 3000 克切块，加入高汤，小火慢炖 30 分钟。
4. 将鸡蛋饼加入豆腐中，炖 5 分钟，撒入小葱段 30 克，菜品即成。

菜品特点

这是一道创新菜品，单独的韭菜鸡蛋饼和豆腐口味都略显单调，将两者混合，别具一番风味，往往能够吸引食客。

主料	小料	调料		配料
豆腐 3000 克	生姜片 30 克	盐 80 克	鸡精 20 克	韭菜末 1000 克
	小葱段 30 克	味精 30 克	胡椒粉 20 克	鸡蛋 1500 克

韭菜末烩粉丝

营养价值

韭菜具有极高的营养价值，含有蛋白质、脂防、碳水化合物、粗纤维、钙、磷、胡萝卜素、硫胺素、核黄素、抗坏血酸等营养成分。韭菜对绿脓杆菌、痢疾、伤寒、大肠杆菌和金黄色葡萄球菌有抑制作用。

品味

韭菜以其独特的香气奠定了这道菜味道的核心，韭香浓郁，香辣爽口，味道鲜美。

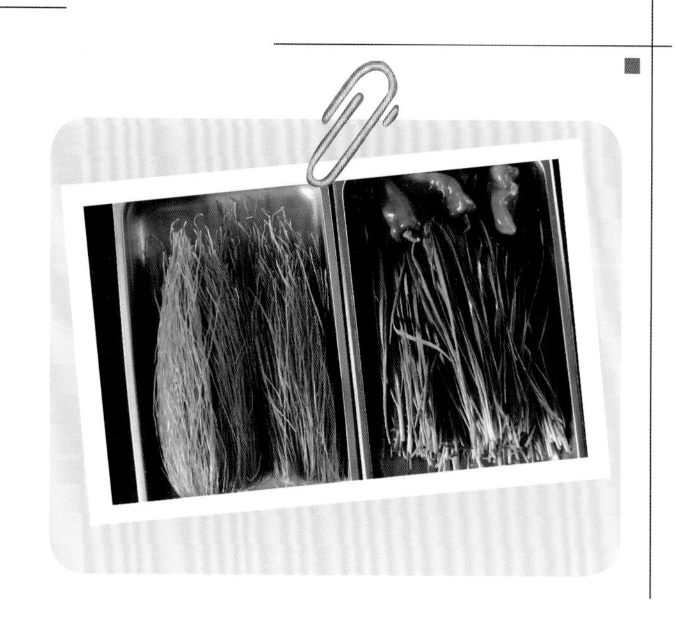

制作方法

1. 炒锅烧热，倒入色拉油200毫升，下入姜末50克、蒜末50克，爆香。加入干辣椒30克、辣椒酱100克，煸炒出红油。待香气出来，倒入适量开水，至能充分被粉丝吸收即可。
2. 将山芋粉丝3000克下入锅中煮软，加入韭菜1500克和红椒末500克，翻炒均匀。加入盐100克、鸡精50克，调味，菜品即成。

菜品特点

这是一道非常具有安徽农家风味的菜肴，选用最为常见的食材，以辣椒入菜，是下饭的佳品。

主料	小料	调料		配料
韭菜根 1500克	姜末 50克	鸡精 50克	辣椒酱 100克	山芋粉丝 3000克
	蒜末 50克	干辣椒 30克		红椒末 500克
	色拉油 200毫升	盐 100克		

韭菜小炒藕丝

营养价值

莲藕含有大量淀粉、蛋白质、维生素B、维生素C、脂肪、碳水化合物及钙、磷、铁等多种矿物质。莲藕肉质肥嫩，白净滚圆，口感甜脆。生食堪与梨媲美。中医认为，生食藕能凉血散瘀，熟食能补心益肾，具有滋阴养血的功效，可以补五脏之虚，强壮筋骨，补血养血。

品味

这道菜香味浓郁，莲藕清脆爽口，韭菜则将味觉层次又提高一层，非常可口。

方法

1. 将莲藕3500克去皮，切成藕丝，用清水泡制20分钟，捞出。沥干水分，待用。将韭菜1500克洗净，切段、待用。
2. 起一口炒锅，倒入色拉油300毫升，油热下入猪油200毫升炼制，将油渣捞出。加入香葱段50克，倒入藕丝，翻炒。加入盐30克、生抽20毫升、糖10克、鸡精50克调味，最后倒入韭菜，炒熟，菜品即成。

特点

我国南方地区湖泊众多，盛产莲藕，这道菜选用了最为常见的食材，用最地道的家常手法炒制，简单美味。

主　料	小　料	调　料		配　料
莲藕　3500克	香葱段　50克	盐　30克	白糖　10克	韭菜　1500克
		鸡精　50克	色拉油　300毫升	红椒丝　500克
		生抽　20毫升	咸猪油　200毫升	

老味卤豆腐

营养价值

豆腐营养丰富，含有铁、钙、磷、镁等人体必需的多种微量元素，还含有糖类、植物油和丰富的优质蛋白，素有“植物肉”之美称，有高蛋白、低脂肪、降血压、降血脂、降胆固醇等功效。大豆蛋白属于完全蛋白质，其氨基酸组成比较好，人体所必需的氨基酸它几乎都有，并且十分容易被人体消化、吸收。

品味

这道菜做法简单、食材单一，味道却不简单，深受广大食客喜爱。豆腐软嫩可口，香味浓郁，非常美味。

制作方法

1. 汤桶中加入7升水烧开，放入酱包、油包、一号料包、二号料包，再依次加入肉末350克、炸蒜酥100克、洋葱150克，煮出香味。
2. 将盐水老豆腐2500克切成6厘米见方的块，下入锅中，用中火炖至浮上水面，即可出锅。

备注

1号料包：色拉油150ml、八角15克、桂皮5克、香叶2克、白芷2克。将色拉油烧热放入原有香料炸香，去除香料渣，制成1号料包。

2号料包：色拉油150ml、洋葱粒30克、香葱头粒50克、蒜籽粒20克。将色拉油烧热加入洋葱粒、香葱头粒、蒜籽粒炸至金黄色捞起，即成2号料包。

菜品特点

这是一道传统家常菜，选用最为普通的豆腐作为食材，用丰富的原料调制汤味，让平淡无奇的豆腐变得美味。

主料	调料			
盐水老豆腐　2500克	肉末　350克	洋葱　150克	油包　1个	二号料　1包
	炸蒜酥　100克	酱包　1个	一号料　1包	

酿青椒

营养价值

猪肉含有丰富的优质蛋白质和必需的脂肪酸，并提供血红素（有机铁）和促进铁吸收的半胱氨酸，能改善缺铁性贫血。辣椒含有丰富的维生素C，含有较多抗氧化物质，能改善食欲、增加饭量；辣椒还具有强烈的促进血液循环的作用，可以改善怕冷、冻伤、血管性头痛等症状。

品味

青椒包裹肉馅，蒸制后青椒辣味全无，化解猪肉的腻味。肉香四溢，清脆爽口，二者相得益彰，是绝妙的搭配。

制作方法

1. 将猪前尖肉3000克去皮，绞成肉馅，加入盐100克、鸡精30克、料酒100毫升、蚝油150毫升、老抽75毫升，搅拌均匀上劲。将500克淀粉加水，制成水淀粉，备用。
2. 将肉馅塞进整个青椒里面，然后放入油锅中炸制，至青椒皮起泡，即可。捞出，控油、待用。
3. 炒锅烧热，下入色拉油50毫升，加入葱末100克、蒜末100克煸香。再下入盐50克、鸡精20克、蚝油50毫升、老抽25毫升调味。然后下入炸制好的青椒，烧制入味，加入水淀粉勾芡，菜品即成。

菜品特点

酿的繁体字写作“釀”，是形声字，从酉从襄，襄亦声，“襄”意为“包裹”、“包容”。酿青椒就是将青椒掏空，包裹肉馅。这道菜是客家菜的经典菜式，类似菜品还有酿豆腐、酿茄子，客家菜中有许多烹饪方法依然保留着古代中原地区的传统，比如食物多蒸煮而少炸烤，口味上注重鲜香，讲究原味。

主料			
猪前尖肉　3000克　　青椒　5000克			
调料			**小料**
色拉油　50毫升	料酒　100毫升	老抽　100毫升	葱末　100克
盐　150克	淀粉　500克		蒜末　100克
鸡精　50克	蚝油　200毫升		

芹菜叶炒鸡蛋

营养价值

芹菜含有丰富的多种维生素和磷、铁、钙等矿物质，此外还有蛋白质、甘露醇和食物纤维等成分，具有降血压、降血脂的作用；对神经衰弱、月经失调、痛风、抗肌肉痉挛也有一定的辅助食疗作用；它还能促进胃液分泌，增加食欲。

品味

芹菜具有独特的香气，味道浓郁，加入面粉后经过蒸制，使其口味趋向中和，与鸡蛋同炒，芹香四溢，菜品颜色金黄碧绿，营养非常丰富。

制作方法

1. 将芹菜叶 2500 克洗净、沥水，加入面粉 100 克拌匀，放入蒸箱，蒸 10 分钟。蒸好后将芹菜叶剁碎，放置待用。
2. 将鸡蛋 1000 克打入盆中，加入盐 30 克，打散。锅中倒入 150 毫升色拉油，将鸡蛋炒好，备用。
3. 起一口炒锅，锅热倒入色拉油 150 毫升，下入蒜末 100 克爆香，放入青红椒和剁椒各 100 克，再加入炒制好的鸡蛋和芹菜碎，加入盐 20 克、鸡精 20 克调味，翻炒均匀，菜品即成。

菜品特点

在我们的印象中，芹菜主要是吃茎。为了更能充分利用原材料，便创制了芹菜叶炒鸡蛋这道菜，既能充分利用原材料，又能利用芹菜独特的香气，收获美味。

主　料		小　料
芹菜叶　2500 克		蒜末　100 克
调　料		配　料
色拉油　300 毫升	剁椒　100 克	青红椒末　100 克
盐　50 克	面粉　100 克	鸡蛋　1000 克
鸡精　20 克		

双椒翡翠卷

营养价值

猪肉为人体提供优质蛋白质和必需的脂肪酸，可提供血红素（有机铁）和促进铁吸收的半胱氨酸，能改善缺铁性贫血。白菜营养价值丰富，是我国居民冬季餐饮中最主要的蔬菜之一。白菜含有多种营养物质，是人体生理活动所必需的维生素、无机盐及食用纤维素的重要来源，并含有丰富的钙，是预防癌症、糖尿病和肥胖症的健康食品。

品味

调制肉馅的调料去除了猪肉的异味，鸡蛋清带来了更滑嫩的口感，成就了馅料的美味。青红椒与豆豉则使口味更佳丰富，整道菜口味咸鲜香辣，肉香四溢。

制作方法

1. 肉馅 2500 克放入调味盆中，加入盐 20 克、鸡蛋清 100 克，搅打上劲，拌匀后备用。将大白菜 2500 克包成整片，放入沸水中，余烫至七成熟，捞出。晾凉，待用。
2. 将一片白菜叶内卷入 100 克肉馅，整齐码入蒸盘中。
3. 烧制剁椒酱，起一口炒锅，倒入菜籽油 500 毫升，加入蒜末 400 克爆香。再下入红剁椒、青剁椒和豆豉各 100 克，翻炒 5 分钟，下入鸡精 50 克、胡椒粉 10 克调味。
4. 将剁椒酱浇在菜卷上，上蒸锅蒸 15 分钟左右，即可出锅。

菜品特点

这是一道手工菜，与饺子类似，不过面皮换成了白菜叶，可以卷入更多的馅料，满足食客口味。卷入白菜，使菜品的格调一下子就提高很多，白菜经过蒸制后变得微微有些透明，品相上佳。

主　料			
肉馅　2500 克　　大白菜　2500 克			
调　料			**小　料**
菜籽油　500 毫升	红剁椒　100 克	胡椒粉　10 克	蒜末　400 克
盐　20 克	青剁椒　100 克	鸡蛋　250 克	生姜末　200 克
鸡精　50 克	豆豉　100 克		

蒜香豆腐

营养价值

豆腐营养丰富，含有铁、钙、磷、镁等人体必需的多种微量元素，还含有糖类、植物油和丰富的优质蛋白，素有“植物肉”之美称，有高蛋白、低脂肪、降血压、降血脂、降胆固醇的功效。大豆蛋白属于完全蛋白质，其氨基酸组成比较好，人体所必需的氨基酸它几乎都有，并且十分容易被人体消化、吸收。

品味

大蒜味道较重，经过炸制后，异味减少，香味更浓，与豆腐一起蒸制，不但将香气保留，并且浸入到了豆腐中；豆腐本没有很大的味道，却容易入味，蒸制后，蒜香浓郁，十分美味。

制作方法

1. 将豆腐 4500 克切成 2.5 厘米见方的小块，放入清水中。加入 50 克盐，腌制后，整齐码入蒸盘中。
2. 将大蒜切成末，油炸至金黄色，捞出控油，加入盐 50 克、味精 50 克、蚝油 100 毫升、生抽 50 毫升搅拌均匀，铺在豆腐上，放入上汽的蒸箱蒸制 20 分钟。
3. 起一口炒锅，倒入色拉油 150 毫升，油温至七成热时，放入香葱末 50 克炸香，淋在刚出锅的豆腐上，菜品即成。

菜品特点

大蒜历来是调味佳品，广受人们喜爱。这道蒜香豆腐采用了最为普通的原材料，用简单的蒸制方法，实现了味道的升华。

主料		配料
豆腐　4500 克		蒜末　500 克
调料		小料
盐　100 克	蚝油　100 毫升	香葱末　50 克
味精　50 克	色拉油　150 毫升	
生抽　50 毫升		

小炒脆乳瓜

营养价值

黄瓜中含有丰富的维生素 E，可起到延年益寿，抗衰老的作用；黄瓜中的黄瓜酶，有很强的生物活性，能有效地促进机体的新陈代谢；此外黄瓜中还含有的葫芦素 C，具有提高人体免疫功能的作用，达到抗肿瘤目的。

品味

腌制后的黄瓜别具一番风味，以其入菜，口感脆爽，清香四溢；加入干辣椒和红椒，又提升了菜肴的香气，带来了香辣的味道，是下饭的佳品。

制作方法

1. 将黄瓜 4500 克切片，加盐 50 克，腌制 2 小时后，挤干水分，待用。
2. 起一口炒锅，锅热，倒入色拉油 200 毫升。油温至七成热时，下入五花肉片 500 克煸炒至出油，再下入蒜末 100 克、豆豉油 200 毫升、豆豉 100 克、干辣椒段 100 克、红椒丁 250 克煸炒出香味，倒入挤干水分的黄瓜片，大火翻炒至成熟，淋上少许明油，即可出锅。

菜品特点

这是一道食材易得的、具有安徽特色的江南家常小炒。

主　料	小　料	调　料	配　料
黄瓜　4500 克	蒜末　100 克	色拉油　200 毫升	豆豉　100 克
五花肉片　500 克	干辣椒段　100 克	红椒丁　250 克	豆豉油　200 毫升
		盐　50 克	

养生鸡蛋豆腐

营养价值

鸡蛋与豆制品都是蛋白质含量较高的原材料，本菜具有很好的补充蛋白质的效果。鸡蛋几乎含有人体必需的营养物质，如蛋白质、脂肪、卵黄素、卵磷脂、维生素和铁、钙、钾等，被人们称作“理想的营养库”。豆腐营养丰富，含有铁、钙、磷、镁等人体必需的多种微量元素，还含有糖类、植物油和丰富的优质蛋白，素有“植物肉”之美称。

品味

此豆腐并非真实的豆腐，而是鸡蛋与豆浆通过蒸制，形成的类似豆腐口感的菜品。虽然口感相似，但是口味却远胜豆腐，香气浓郁，与炒制的料汁拌在一起，滑嫩爽口，咸鲜美味。

制作方法

1. 将鸡蛋2500克打入容器中，顺时针搅拌，慢慢倒入豆浆，搅拌均匀，再放入盐20克、鸡精20克、味精10克，拌匀，包好保鲜膜，放入蒸箱蒸制7分钟。
2. 起一口炒锅，倒入色拉油100毫升，放入姜末30克、蒜末20克爆香，再放入五花肉煸炒出油。下入香菇250克、茭白250克、蒜苗150克、红椒100克，大火爆炒，调入辣椒酱50克、蚝油50毫升、老抽20毫升，小火烧至1分钟。
3. 将蒸好的豆腐取出切块，浇上炒制好的料汁，撒入香菜末30克，菜品即成。

菜品特点

养生鸡蛋豆腐是一道独具创意的养生菜肴，将鸡蛋与豆浆结合做成豆腐状，名为豆腐却没有用豆腐作为原材料，该菜色泽光滑，营养丰富，是一道色、香、味俱佳的菜品。

主料			小料	
鸡蛋　2500克　　豆浆　2500克			姜末　30克　蒜末　20克　香菜末　30克	
调料			配料	
盐　20克	辣椒酱　50克	高汤　200毫升	香菇　250克	蒜苗　150克
鸡精　20克	蚝油　50毫升	色拉油　100毫升	茭白　250克	红椒　100克
味精　10克	老抽　20毫升		五花肉　150克	

养生萝卜

营养价值

白萝卜含有丰富的蛋白质、碳水化合物以及其他各种维生素、酶、木质素、芥子油等，其维生素 C 的含量高达 30 毫克，比一般水果高几倍。此外，白萝卜还有增进食欲、帮助消化、止咳化痰、除燥生津的作用。

品味

白萝卜经过小火炖制，充分吸收了汤汁的味道，且咸鲜美味，口感松软，入口即化。

制作方法

1. 锅热，倒入色拉油 100 毫升，油温至五成热时，下入厚咸肉片 500 克和姜片 60 克煸炒出香味。
2. 倒入开水 4 升，放入萝卜 5000 克，大火烧开。放入盐 60 克、鸡汁 80 克调味，改小火慢炖 40 分钟，即可出锅。

菜品特点

这是一道简单易做的养生菜肴，民间自古就流传着“冬吃萝卜夏吃姜，不劳医生开处方”的谚语，现代也有人称萝卜为“土人参”。

主 料	调 料		配 料
萝卜　5000 克	水　4 升	盐　60 克	咸肉　500 克
	色拉油　100 毫升	鸡汁　80 克	
	姜片　60 克		

油焖笋

营养价值

冬笋是富有营养价值并具有医药功能的美味食品。质嫩味鲜，清脆爽口，含有蛋白质、多种氨基酸、维生素、钙、磷、铁等微量元素以及丰富的纤维素，能促进肠道蠕动，既有助于消化，又能预防便秘和结肠癌的发生。

品味

冬笋具有涩味，需焯水去除，与高汤一起烧制，又凸显了冬笋独特的香气。油焖的烹调方法赋予了这道菜浓郁的酱香味，咸中带甜，非常美味。

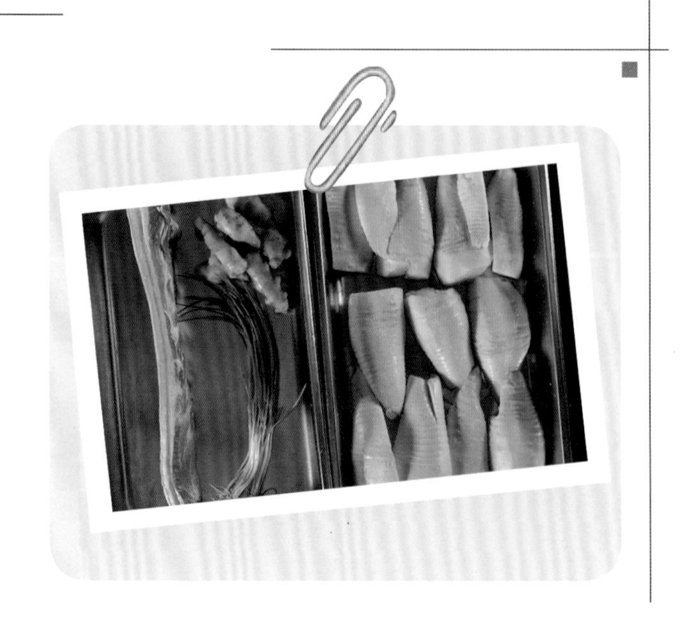

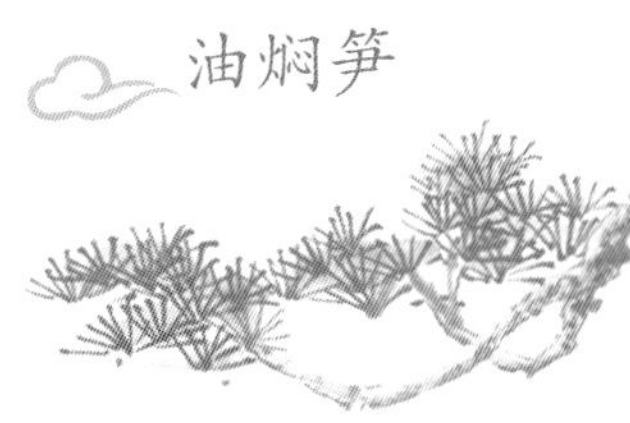

制作方法

1. 将冬笋 5000 克切块，下入锅中氽水，烧开后煮 1 分钟，捞出待用。将 50 克淀粉制成水淀粉备用。
2. 将冬笋放入油温六成热的油锅中过油，稍微炸一下，起锅备用。
2. 起一口炒锅，下入色拉油 100 毫升，加入蒜片爆香。再下入笋块，加入老抽 100 毫升、生抽 140 毫升、白糖 280 克、味精 30 克调味，倒入高汤 2.6 升。大火烧开，改小火煨 3 分钟，然后大火收汁，加入水淀粉，勾薄芡，淋上少许明油，即可出锅。

菜品特点

这是一道南方地区的经典家常菜，以新鲜的竹笋入菜，季节性较强。食材却新鲜，营养健康。

主 料	调 料		小 料
笋（切块） 5000 克	老抽 100 毫升	高汤 2.6 升	蒜片 100 克
	生抽 140 毫升	味精 30 克	
	糖 280 克	淀粉 50 克	
	色拉油 100 毫升		

渣萝卜丝

营养价值

白萝卜含有丰富的蛋白质、碳水化合物以及其他各种维生素、酶、木质素、芥子油等，其维生素C的含量高达30毫克，比一般水果高几倍。此外，白萝卜还有增进食欲、帮助消化、止咳化痰、除燥生津的作用。

品味

这道菜香辣可口，白萝卜丝经过加入高汤烧制后，非常入味。腊猪油提升了菜品的香气，口味独特，非常美味。

制作方法

1. 将白萝卜丝2500克放入开水中汆水，捞出，待用。用热水将渣粉1000克泡发。
2. 起一口炒锅，下入腊猪油丁，干煸至出油。放入蒜末50克炒香，加入生抽100毫升、辣椒酱150克、盐20克、味精50克、白糖10克调味，倒入高汤2.5升烧开。
3. 放入萝卜丝和泡发好的渣粉，大火烧开转小火烧至5分钟，撒上香葱末50克，淋上少许明油，菜品即成。

菜品特点

这道菜原材料简单易得，经济实惠，非常适合作为团餐菜肴使用。

主料		配料
白萝卜丝　2500克		渣粉　1000克
调料		**小料**
生抽　100毫升	味精　50克	腊猪油（丁）　150克
辣椒酱　150克	糖　10克	葱末　50克
盐　20克	高汤　2.5升	香蒜末　50克

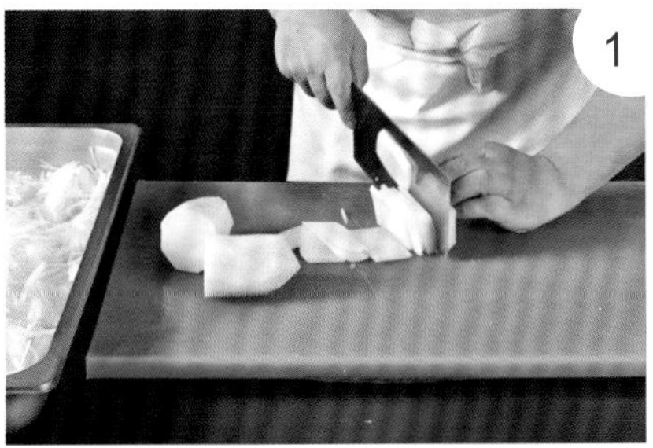

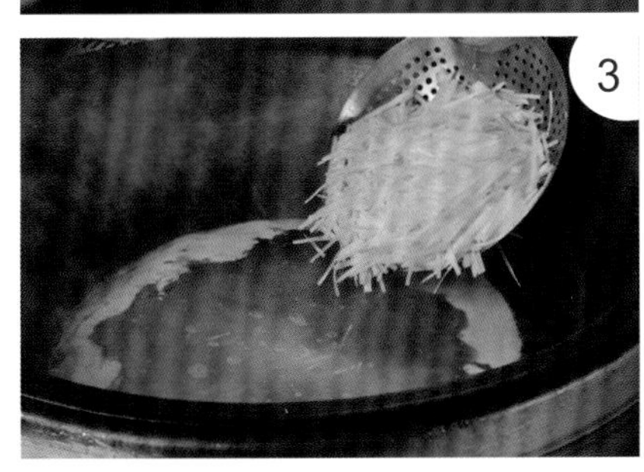

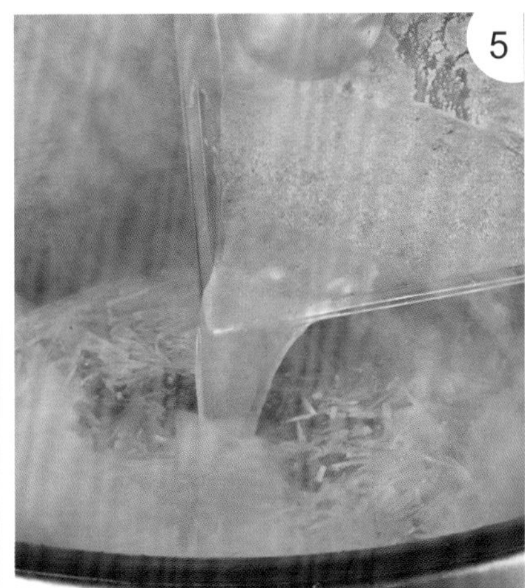

脂渣大白菜

营养价值

猪肉为人类提供优质蛋白质和必需的脂肪酸，可提供血红素（有机铁）和促进铁吸收的半胱氨酸，能改善缺铁性贫血。白菜营养价值丰富，是我国居民冬季餐饮中最主要的蔬菜之一。白菜含有多种营养物质，是人体生理活动所必需的维生素、无机盐及食用纤维素的重要来源，并含有丰富的钙，是预防癌症、糖尿病和肥胖症的健康食品。

品味

“油渣”正是人们用肥猪肉炸油所剩下来的肉渣。五花肉经过炸制，油脂流出，脂渣香脆，炖制后，香而不腻，广受人们喜爱。

制作方法

1. 将猪五花肉 1500 克切片，锅内放入花生油 200 毫升，油温至五成热时，下入五花肉片，保持中等油温炸制，待五花肉酥脆后捞出备用。
2. 将大白菜 3500 克对半切开、洗净，菜叶改刀成段，菜梗用刀斜片成片，待用。
3. 将炸过五花肉片的油锅烧热，加入葱末 30 克、姜末 50 克、蒜末 50 克、干辣椒段 50 克爆香，下入白菜梗片炒至断生，加入白菜叶炒匀，锅内倒入高汤 1 升，加入酥脆的五花肉脂渣。大火烧开，改中小火炖 5 分钟，加入老抽 50 毫升、盐 100 克、鸡精 30 克调味，撒上香菜末 30 克，菜品即成。

菜品特点

这道菜非常符合安徽地区百姓的口味，口味厚重，肉香浓郁，白菜清脆，香辣爽口。

主料		配料	
猪五花肉 1500 克		白菜 3500 克	
调料		**小料**	
花生油 200 毫升	老抽 50 毫升	葱末 30 克	蒜末 50 克
盐 100 克	高汤 1000 毫升	姜末 50 克	香菜末 30 克
鸡精 30 克		干辣椒段 50 克	

面点篇

棒棒馍

营养价值

棒棒馍养胃，有慢性胃炎的人，在肚子饥饿的时候会绞痛，这时候如果吃上棒棒馍，马上会舒服许多。由于棒棒馍是烤出来的，水分很少，便于储存，携带方便。

品味

棒棒馍是陕西省蒲城县的一种传统小吃，由小麦粉、植物油、茴香、黑白芝麻、精盐等精制而成。棒棒馍酥而不硬，脆而不硬，长约 20 厘米，二指宽的一长条，形如大棒，故名“棒棒馍”。香脆美味、营养健胃，是深受老百姓喜爱的一种传统美食。

制作方法

1. 把雪花粉 7500 克、鸡蛋 15 个、酵母 130 克、白糖 1500 克、玉米粉 1500 克、炼乳 250 克加入和面机中，加水 3750 毫升和成面团。
2. 取一块面团向一个方向反复揉光后，卷成长条，下成每个 35 克剂子。
3. 每个剂子揉光，搓成 11 厘米长、两头尖状，放入蒸盘、发酵。
4. 室内温度控制在 30℃至 35℃之间，采用室内自然发酵。
5. 醒发 35 至 40 分钟，体积膨胀 1.5 倍后，放入蒸箱，大火蒸制 10 分钟即可。

注意

1. 室内温度控制在 30℃ ~ 35℃采用室内自然发酵，醒发体积膨胀 1.5 倍即可蒸制。
2. 蒸制时间要够，关火后稍等 1 至 2 分钟，打开蒸箱门，防止外界冷气压迫，导致馒头表面塌陷。

菜品特点

奶香浓郁、松软可口。

主 料	
雪花粉 7500 克	
调 料	
鸡蛋 15 个	玉米粉 1500 克
酵母 130 克	炼乳 250 克
白糖 1500 克	温水 3750 毫升

1

2

3

4

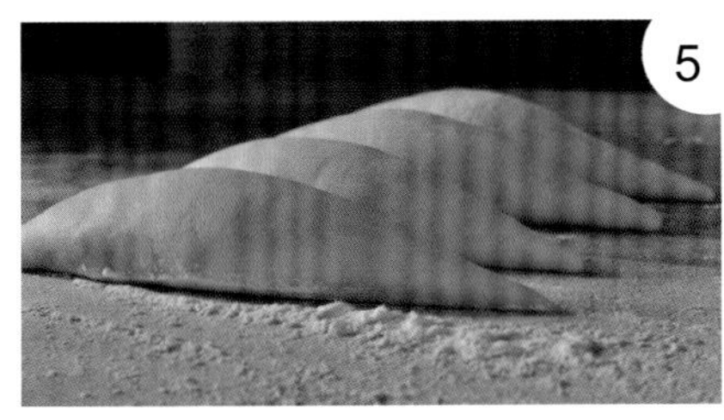

5

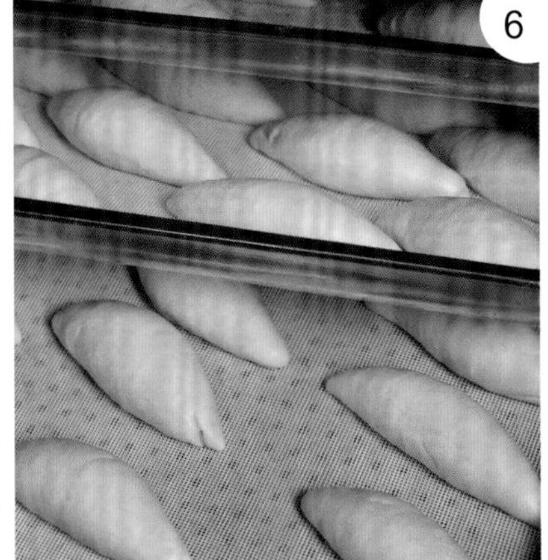

6

7

香葱粉丝包

营养价值

面粉中所含营养物质主要是淀粉，其次还有蛋白质、脂肪、维生素和钙、铁、磷、钾、镁等矿物质，以及少量的酶类。

方法

1. 将葱姜洗净；五花肉去皮、切条、洗净，五花肉加生姜 250 克、香葱 1000 克，绞末、待用；山芋粉丝 4000 克用水泡软、切末，待用。
2. 将 2000 克五花肉末加鸡蛋 3 个、盐 35 克、味精 60 克、白糖 80 克，顺时针搅拌均匀，缓慢加入清水。
3. 待清水加完后,加入老抽 100 毫升,拌均匀,待用。
4. 将拌好的肉馅加入山芋粉丝末、猪油、香葱拌匀即可。
5. 将面粉 2500 克加泡打粉 20 克、酵母 25 克、水适量，和成发面团，醒发 10 分钟左右。
6. 将醒好的面团分成每个 45 克剂子，擀成圆形面皮，分别包入馅心，捏成包子形，摆入蒸盘。醒发 15 分钟左右。
7. 醒发好的包子，旺火蒸 15 分钟即可。

特点

薄皮馅大、鲜香爽口。

主料			
面粉　2500 克	酵母　25 克	泡打粉　20 克	
调料		**配料**	
五花肉末　2000 克	香葱　1000 克	食盐　35 克	老抽　100 毫升
猪油　250 克	鸡蛋　3 个	味精　60 克	生姜　250 克
水发山芋粉丝　4000 克	清水　600 毫升	白糖　80 克	

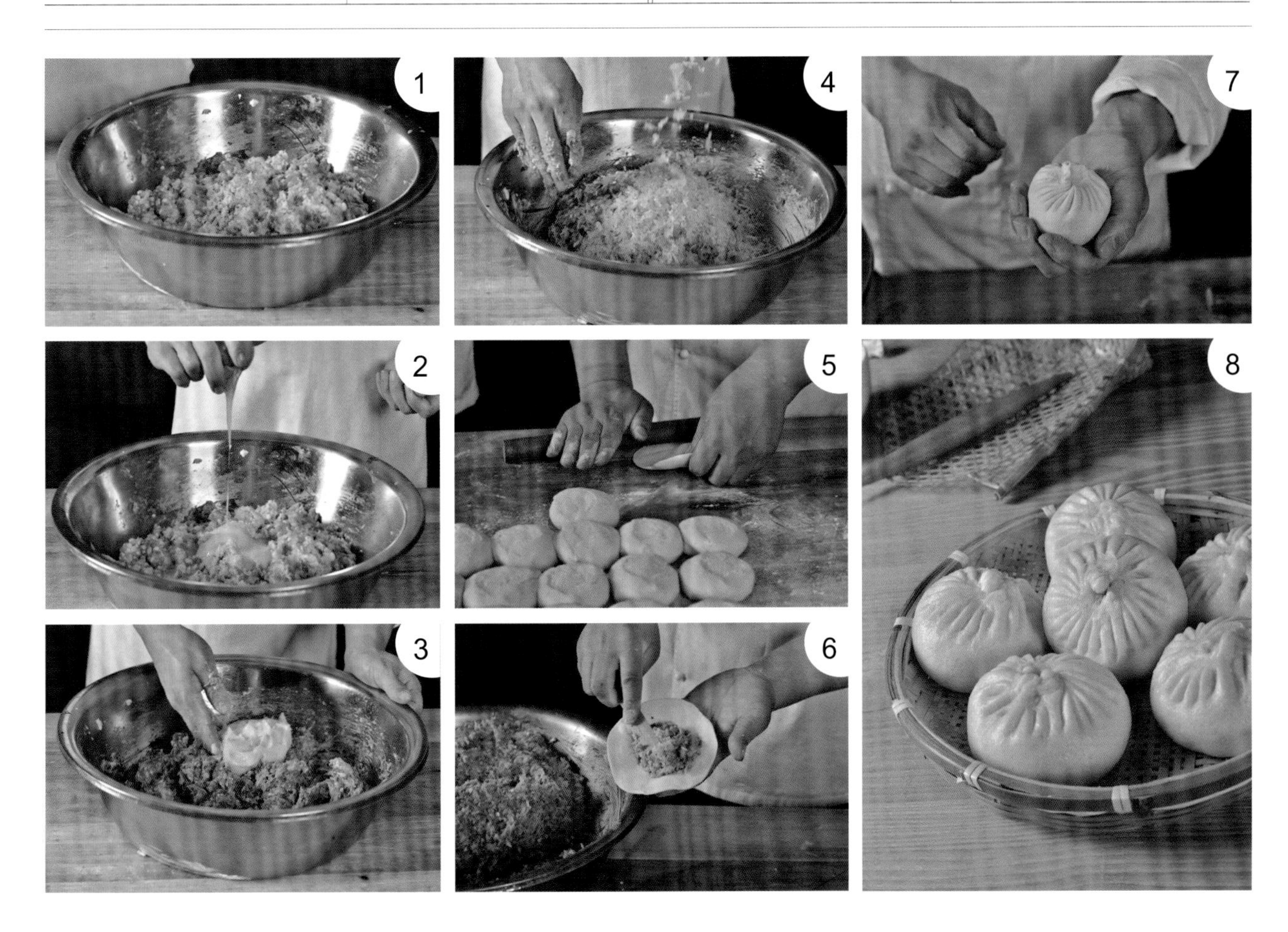

豆腐饼

营养价值

豆腐为补益清热养生食品，常食可补中益气、清热润燥、生津止渴、清洁肠胃。更适于热性体质、口臭口渴、肠胃不清、热病后调养者食用。因其营养丰富，有“植物肉”之称，蛋白质可消化率在 90% 以上。因比豆浆以外其他豆制品高，故受到普遍欢迎。

品味

豆腐是我国的一种古老传统食品，在一些古籍中，如明代李时珍的《本草纲目》、叶子奇的《草目子》、罗颀的《物原》等著作中，都有豆腐之法始于汉淮南刘安的记载。

制作方法

1. 老豆腐1000克用旺火蒸20分钟，冷却后切粒，香葱切粒，待用。
2. 锅内放入色拉油100毫升，烧热。加姜末、肉末炒香。再放入盐20克、味精15克、辣椒面10克、老抽20毫升翻炒，改小火烧3至5分钟。起锅、装盘、冷却、待用。
3. 将炒好冷却的馅料加豆腐粒、香葱粒拌匀，即可。
4. 将面粉1000克、酵母10克、泡打粉10克、白糖100克加水，和成面团，醒发25分钟，再分成每个80克剂子待用。
5. 面剂子分别用手按扁，每个面皮包入馅料80克，放入容器，醒发15分钟。
6. 将电饼铛上温调至0℃、下温调至170℃，再将醒发好的生胚放入电饼铛，两面煎制金黄色煎熟即可。

菜品特点

松软可口、香味浓郁。

皮料		馅料	调料	
面粉　1000克	清水　650毫升	老豆腐　1000克	香葱粒　25克	盐　20克
酵母　10克		猪肉末　300克	辣椒面　10克	味精　15克
泡打粉　10克		色拉油　100毫升	老抽　20毫升	
白糖　100克		姜末　25克		

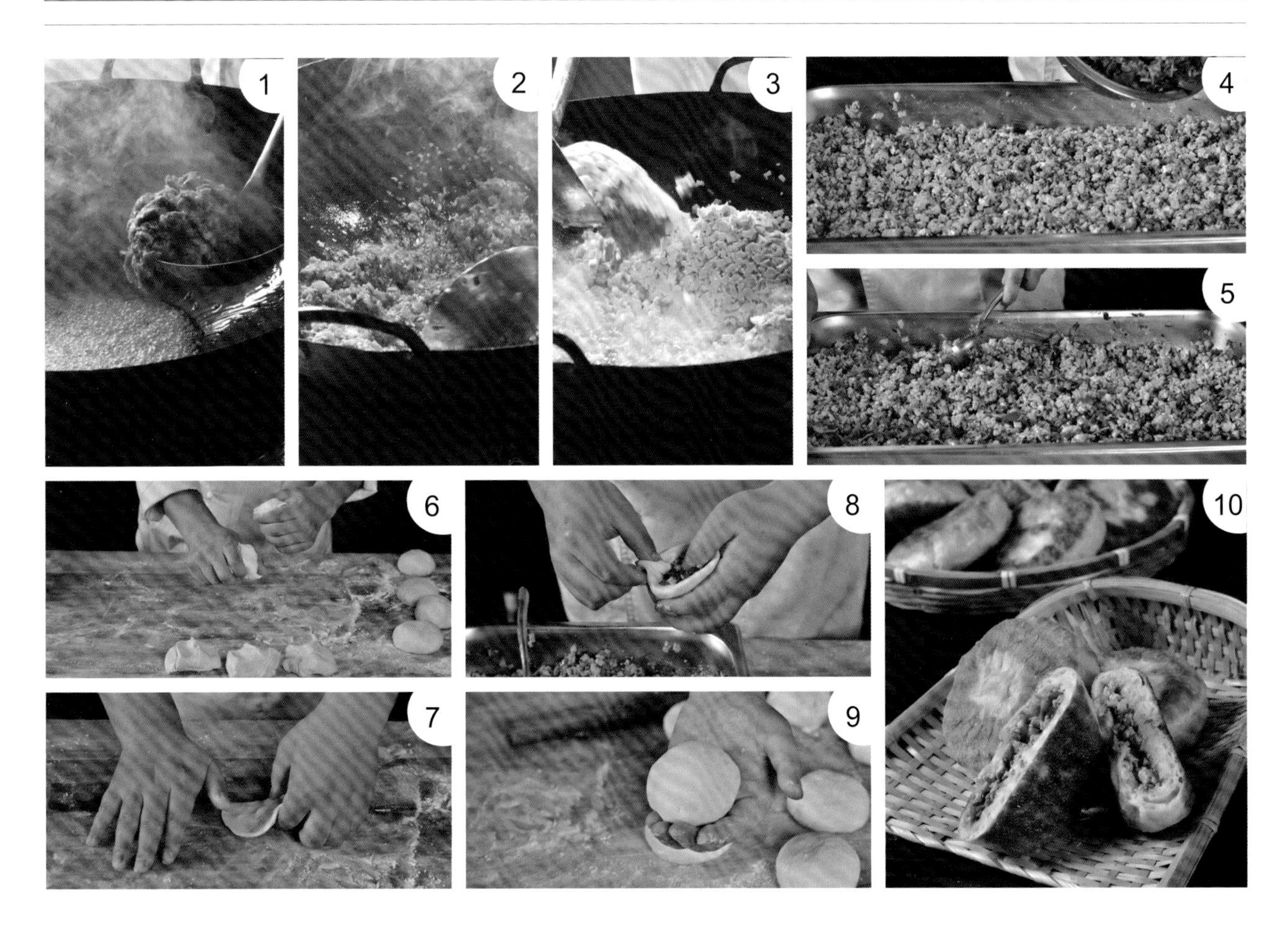

红豆燕麦馒头

营养价值

红豆有活血排脓、清热解毒的作用，红豆富含维生素 B1、B2，蛋白质及多种矿物质，有补血、利尿、消肿、促进心脏活化等功效。燕麦可以有效地降低人体中的胆固醇，经常食用燕麦对糖尿病患者也有非常好的降糖、减肥的功效；还可以改善血液循环，缓解生活工作带来的压力。

制作方法

1. 红豆 500 克加水，浸泡 12 小时左右，蒸熟，冷却、待用。
2. 将蒸好的红豆和面粉 2500 克、酵母 40 克、泡打粉 40 克、白糖 200 克放一起和成面团，用压面机压光下成每个 100 克剂子，揉圆。
3. 馒头表面沾上水，顶部撒上燕麦片，醒发 20 至 25 分钟。
4. 将醒发好的馒头大火蒸 15 分钟，即可。

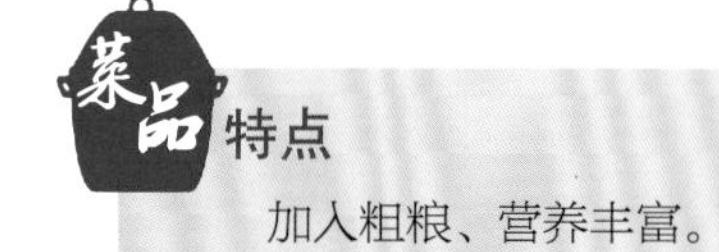

菜品特点

加入粗粮、营养丰富。

主 料	配 料	
红豆 500 克	酵母 40 克	燕麦片 200 克
面粉 2500 克	泡打粉 40 克	白糖 200 克

红糖馒头

营养价值

红糖除含蔗糖以外，还含有少量的铁、钙、胡萝卜素等物质。

制作方法

1. 酵母 20 克、红糖 350 克加水融化后，与面粉 2500 克、泡打粉 20 克、老抽 35 毫升放一起和成面团揉光，揪成每个 90 克剂子待用。
2. 老红糖 2500 克放锅中小火烧至融化，加熟花生碎 500 克、白糖 500 克、熟白芝麻 250 克、猪油 300 克拌匀，起锅冷却，待用。
3. 将冷却后的红糖馅，每个戳成 15 克大小圆形馅球待用。
4. 每个面剂子里包入红糖馅球 1 个，收紧口光面朝上，摆盘，醒发 20 至 25 分钟。
5. 将醒发好的红糖馒头上锅，大火蒸制 20 分钟即可。

注意关键

1. 室内温度控制在 30℃ ~ 35℃，采用自然发酵，醒发体积膨胀 1.5 倍即可蒸制。
2. 蒸制时间要够，关火后稍等 1 ~ 1.5 分钟，打开蒸箱门，防止外界冷气压迫，导致馒头表面塌陷。

菜品特点

松软可口，红糖味浓厚。

面皮		馅料	
面粉　2500 克	水　1100 克	老红糖　2500 克	熟白芝麻　250 克
红糖　350 克	泡打粉　20 克	熟花生碎　500 克	猪油　300 克
老抽　35 毫升	酵母　20 克	白糖　500 克	

徽州小笼包

品味

小笼包别称小笼馒头，源于北宋京城开封的灌汤包，南宋时在江南承传、发展和演变而成。近代以常州万华茶楼的小笼馒头最为出名。小笼包由于含有大量汤水，所以吃起来务必要小心。首先，将小笼包夹入小碟中，要小心不要将皮夹破。其次，在小笼包侧面咬开一小口，略微吹凉一些。（小笼包汤汁较烫，最好不要直接入口，可用筷子夹住后吹一下汤汁，但千万不可倒入小碟中）

小笼包的精髓就在于汤，保证小笼包美味不流失的方法是待汤汁稍凉之后，将整个汤汁送入口中，让汤汁在嘴中完全包住小笼包。

制作方法

1. 猪皮切条状，用水煮开、冲凉，去掉杂毛和肥脂，冲洗干净，待用。
2. 猪皮 500 克，加开水 2 升，姜片 10 克、葱段 10 克、料酒 10 毫升煮沸，改小火煮 2 至 3 个小时。
3. 去掉皮渣，入盘冷却，放到冰箱冷藏至凝固，绞碎待用。
4. 后臀肉、五花肉切条加小葱 20 克、生姜 20 克放一起绞末。
5. 肉末加 1 个鸡蛋、盐 8 克、味精 6 克、鸡精 5 克、白糖 10 克、老抽 10 毫升，顺时针方向搅拌均匀至起胶状，最后加入皮冻、麻油 5 毫升、香葱末 30 克拌均匀成馅即可。
6. 面粉 500 克加开水烫熟，和成面团，另外 500 克面粉加冷水，和成面团。
7. 将两种面团混合在一起揉匀，稍醒 15 至 20 分钟搓条，每个面剂子分成 10 克。
8. 面剂子擀成圆形饼状面皮，中间厚、边缘薄，每个面皮分别包入馅料，捏成包子形，放入蒸笼。旺火蒸 12 分钟即可。

菜品特点

皮薄汁多、鲜香可口。吃小笼包讲究汤汁，做的时候要把高汤凝成透明的固体胶质，切碎了拌在里面，热气一蒸，就全化成了汤水。

主 料	配 料		
面粉 1000 克	五花肉 150 克	盐 8 克	鸡蛋 1 个
后臀肉 350 克	猪皮 500 克	味精 6 克	麻油 5 毫升
	小葱 30 克	鸡精 5 克	老抽 10 毫升
	姜 30 克	白糖 10 克	料酒 10 毫升

酱香饼

品味

酱香饼，又名土家酱香饼，是湖北省恩施长阳土家族一种特有的小吃。后来被北京谭师傅（谭震）引进推广，改进成大众口味，火遍全国。

此饼以香、甜、辣、脆为主要特点，它辣而不辛，咸香松脆。

制作方法

1. 将蒜子 100 克、洋葱 100 克切粒，香葱 100 克切末，待用。
2. 色拉油 100 毫升烧热后，放入蒜子 100 克、辣椒酱 500 克、洋葱粒炒出香味，再放入味精 50 克、白糖 50 克烧成酱料即可。
3. 将面粉 1000 克加水，和成面团，稍醒 5 至 10 分钟，擀成长条状。然后撒上香葱末卷起，四周向下收起成圆形饼胚，稍醒 10 至 15 分钟。
4. 擀成圆形饼状，放入电饼铛中。在饼上刷上水、撒上白芝麻，上温调至 0℃，下温调至 180℃，两面煎金黄色。

菜品特点

微辣咸香、筋道可口

主料		
面粉 1000 克		
配料	**调料**	
清水 700 毫升	辣椒酱 500 克	白芝麻 20 克
色拉油 100 毫升	白糖 50 克	蒜子 100 克
味精 50 克	洋葱 100 克	香葱 100 克

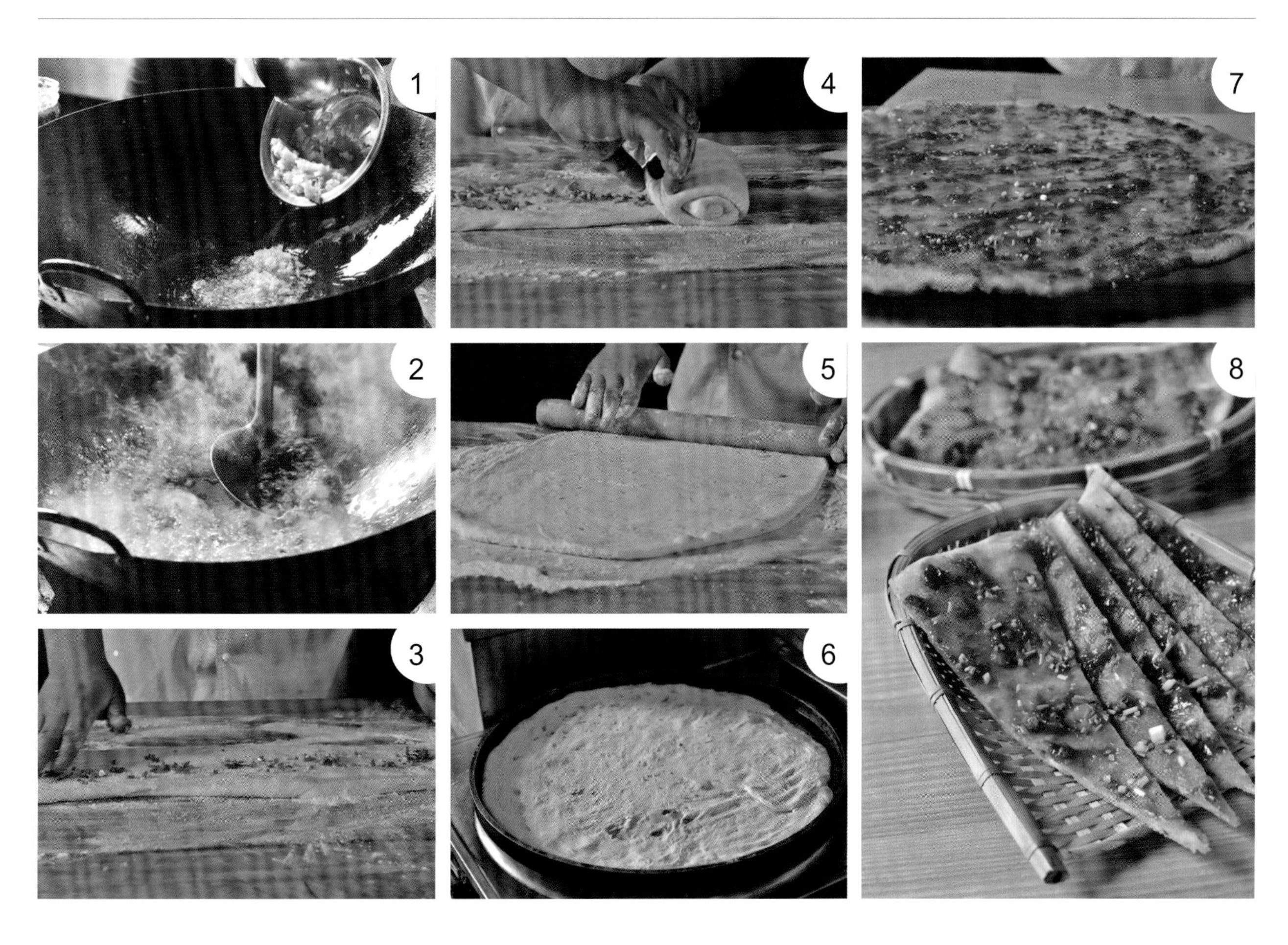

孜然椒盐饼

营养价值

面粉中所含营养物质主要是淀粉，其次还有蛋白质、脂肪、维生素和钙、铁、磷、钾、镁等矿物质，以及少量的酶类。

制作方法

1. 把面粉 1000 克、酵母 10 克、泡打粉 8 克、白糖 10 克加水，和成面团。稍醒 5 至 10 分钟，擀成长方形面皮。
2. 面皮表面刷上色拉油，撒上椒盐粉 5 克、孜然粉 5 克、香葱末 100 克，从面皮两边对折成长形饼胚，再用刀切成长方形饼，醒发 10 至 15 分钟。
3. 放入电饼铛，上温调至 0℃，下温调至 180℃，两面煎金黄色即可。

菜品特点

葱香四溢，椒香十足，味道浓厚。

主 料	配 料	
面粉　1000 克	酵母　10 克	水　500 毫升
	泡打粉　8 克	椒盐粉　5 克
	白糖　10 克	孜然粉　5 克
		香葱末　100 克

开花馒头

营养价值

紫薯中含有丰富的蛋白质，18 种易被人体消化和吸收的氨基酸，维生素 A、B、C 等以及磷、铁等 10 多种天然矿物质元素。紫薯富含纤维素，可增加粪便体积，促进肠胃蠕动，清理肠腔内滞留的黏液、积气和腐败物，排出肠道中的有毒物质和致癌物质，保持大便畅通，改善消化道环境，防止胃肠道疾病的发生。紫薯含有大量药用价值高的花青素。花青素是目前发现的防治疾病、维护人类健康最直接、最有效、最安全的自由基清除剂，是唯一能透过血脑屏障清除自由基保护大脑细胞的物质，同时能减少抗生素给人体带来的危害。

制作方法

1. 白面皮制作：面粉2500克加酵母25克、泡打粉25克、白糖200克、猪油50克放一起，加水和成面团、揉光，揪成每个40克剂子，待用。
2. 紫薯面制作：面粉1500克加紫薯1000克、酵母20克、泡打粉20克、白糖200克放一起，加水和成面团，揉光，揪成每个40克剂子，揉圆，待用。
3. 将白色面剂子擀成中间厚、四圈薄，包入紫薯面团，顶部用刀划十字形口子摆盘，醒发15至20分钟，放入蒸笼，旺火蒸30分钟即可。

菜品特点

外观新颖，色泽搭配美观，馅料美味。

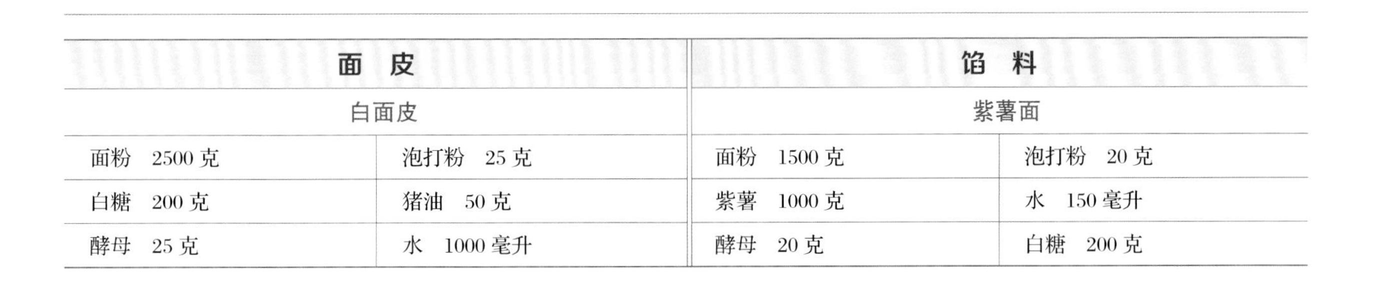

面皮		馅料	
白面皮		紫薯面	
面粉　2500克	泡打粉　25克	面粉　1500克	泡打粉　20克
白糖　200克	猪油　50克	紫薯　1000克	水　150毫升
酵母　25克	水　1000毫升	酵母　20克	白糖　200克

1

2

3

4

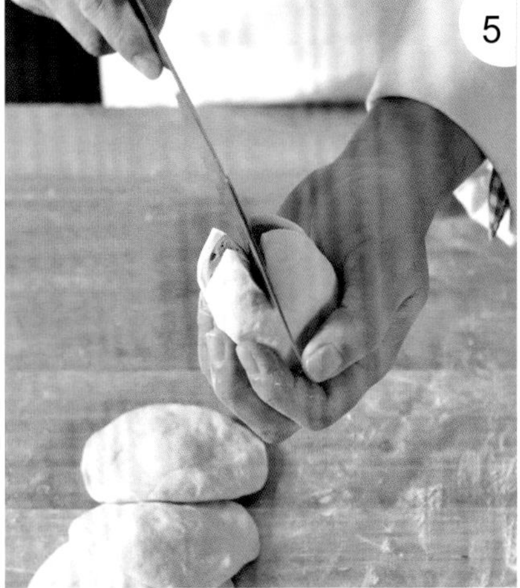

5

6

7

新派老面馒头

营养价值

面粉富含蛋白质、碳水化合物、维生素和钙、铁、磷、钾、镁等矿物质，有养心益肾、健脾厚肠、除热止渴的功效。

制作方法

1. 将全部 A 料放在一起和成面浆，常温发酵 3 至 4 小时，做成老肥。
2. B 料中食用碱用水 35 毫升融化、待用。
3. 将发好的老肥加 B 料面粉、食用碱水和成面团，揉光。揪成每个 200 克剂子，揉圆。
4. 醒发箱湿度调为 60RH，温度 50℃，醒发 35 至 40 分钟。放入蒸笼，旺火蒸 30 分钟，即可。

菜品特点

传统工艺，天然酵母，口感厚实，嚼之有劲。

配料	
A料	B料
面粉　2000 克	面粉　2000 克
酵母　30 克	食用碱　35 克
清水　1500 毫升	

梅干菜包

品味

梅干菜，是浙江丽水、慈溪、余姚、绍兴地区常见的特色传统名菜。梅干菜主要包括芥菜干、油菜干、白菜干、冬菜干、雪里蕻干等，多系居家自制，使菜叶晾干、堆黄，然后加盐腌制，最后晒干装坛。梅干菜油光乌黑，香味醇厚，耐贮藏。故绍兴地区居民每至炎夏必以干菜烧汤，其受用无穷也。

梅干菜包，属于江苏小吃。甘咸带酸，馅嫩汁甜。

制作方法

1. 将香葱 100 克、生姜 50 克洗净，切末。五花肉 500 克去皮、洗净、切粒，梅干菜 1000 克用水泡软，去根、切末，待用。
2. 将锅烧热，加猪油、切好的姜末、辣椒粉 15 克、五花肉末炒香，加入味精 20 克、老抽 30 毫升、白糖 25 克、鸡精 30 克、食盐 15 克调味，最后加少量水烧 2 至 3 分钟，加入梅干菜烧制成馅，待用。
3. 将面粉 2500 克加泡打粉 20 克、酵母 25 克、水和成发面团，醒发 10 分钟左右。
4. 将醒好的面团每个分成 45 克剂子擀皮，分别包入馅料 20 克，捏成包子形摆入蒸盘，醒发 15 分钟左右。
5. 醒发好的包子，放入蒸箱，旺火蒸 10 分钟即可。

菜品特点

薄皮馅大、香辣爽口。

主料		
面粉 2500 克　酵母 25 克　泡打粉 20 克		
配料	**调料**	
五花肉 500 克	生姜 50 克	白糖 25 克
猪油 250 克	辣椒粉 15 克	味精 20 克
梅干菜末 1000 克	食盐 15 克	老抽 30 毫升
香葱 100 克	鸡精 30 克	

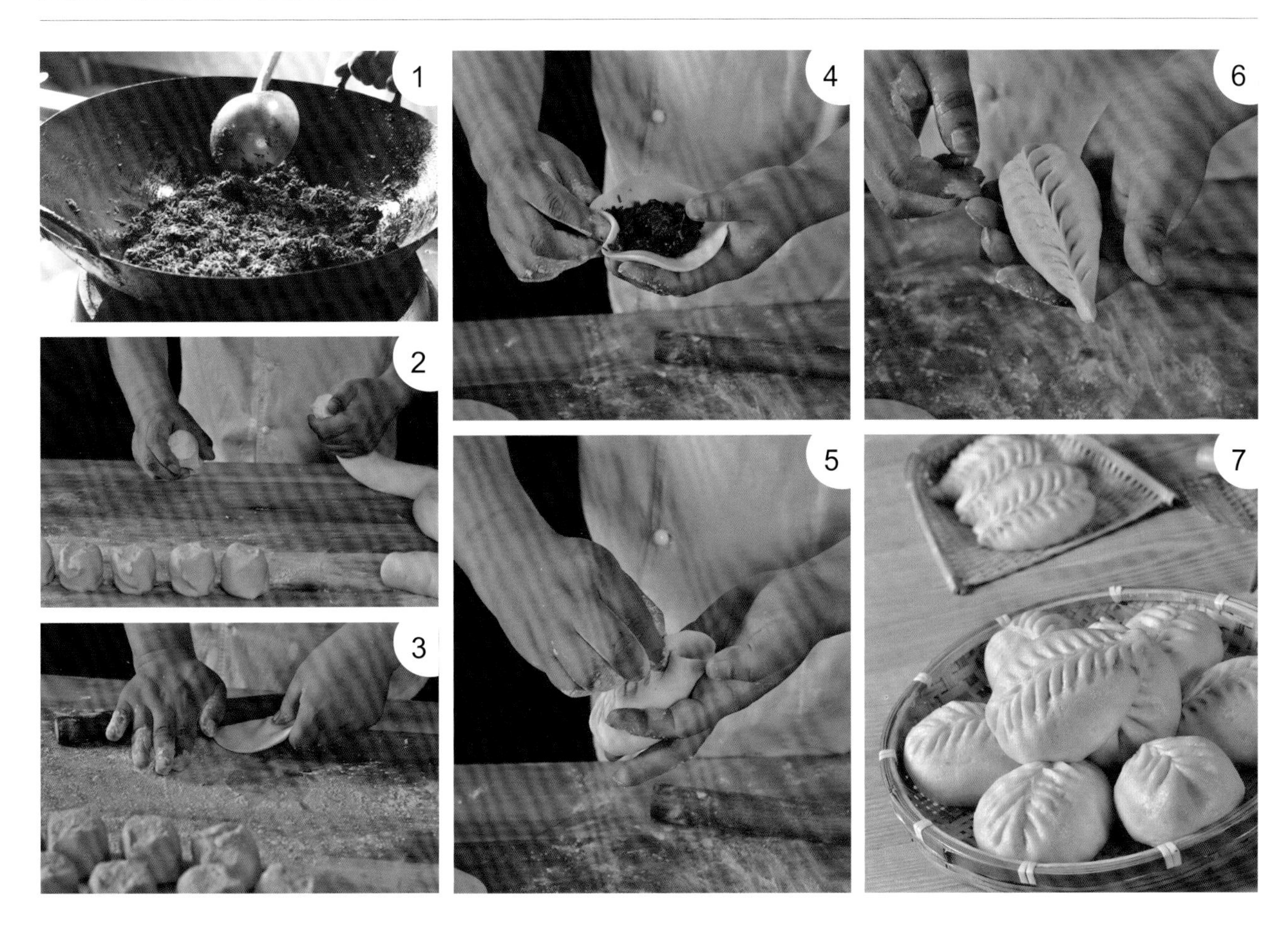

蒙城烧饼

品味

蒙城烧饼是安徽蒙城颇具特色的民间名点。据传说，清道光年间(1821–1851)，有一个姓宋的孤身老人，在文庙大门西侧，以卖油酥烧饼为生。后来，老人收山东人薛延年为徒。薛延年手艺学成之后，代代相传，于是会做油酥烧饼的人越来越多，也越来越有名气。

蒙城烧饼选料精良，制作考究。面粉要选上等精白面粉，猪油要选上等猪板膘油。食盐、大葱、麻油、芝麻等佐料也要最好的。面要和得不软不硬。佐料的用量和搭配都有严格的标准（当然也得要根据季节气候的不同适当调整）。

方法

1. 将新鲜猪板油 2500 克洗净，撕掉油皮后，放入绞肉机，绞成肉泥。
2. 将绞好的猪板油泥加味精 25 克、五香粉 150 克、八角粉 150 克、葱油 200 毫升，放在一起搅拌均匀，即可成馅。
3. 将面粉 2500 克放入盐 25 克、鸡蛋 5 个、鸡精 20 克、水和成面团揉光，揪成每个 25 克剂子，擀成椭圆形，面饼表面刷上色拉油，醒发 25 分钟。
4. 将醒好的面饼用手拉成长条状面皮，表面抹上拌好的猪油馅卷起，两边头对折，放入冷藏冰箱 20 分钟待用。
5. 将冷藏好的饼胚取出，擀成饼状，表面撒上白芝麻，放入烤箱，上火 240℃，下火 240℃，烤 15 分钟即可。

特点

外酥里嫩、香酥可口。

皮料		馅料	
面粉　2500 克	鸡蛋　5 个	猪板油　2500 克	八角粉　150 克
水　1250 毫升	鸡精　20 克	味精　25 克	葱油　200 毫升
盐　25 克		五香粉　150 克	

奶香紫芋盏

营养价值

紫芋有降血糖和抗糖尿病等保健作用。据日本学者推测这很可能与紫芋所含的花青素类多酚物质具有激活人体细胞并利用葡萄糖的能力有关。紫芋除含淀粉、蛋白质和脂肪外，含有丰富的维生素 A、维生素 B2、胡萝卜素、维生素 C、甲基花青素、绿原酸和钙、磷、铁等矿物质，以及一定的纤维素。

制作方法

1. 紫芋1000克去皮，蒸熟，加白糖25克、奶粉100克拌匀成馅。
2. 将面粉1000克加酵母10克、泡打粉10克、白糖25克、水450毫升和成面团，用压面机擀光，揪成每个50克的剂子。
3. 擀成圆形面片，每个面皮包入拌好的紫芋馅，包成六角形状，中间不要收口略露馅料，放入蒸盘醒发20分钟。
4. 将醒发好的生胚，放入蒸箱，上蒸箱15分钟，即可。

菜品特点

奶香味浓，造型美观。

皮料		馅料
面粉　1000克	白糖　25克	紫芋　1000克
酵母　10克	水　450毫升	白糖　150克
泡打粉　10克		奶粉　100克

南瓜发糕

营养价值

南瓜含有淀粉、蛋白质、胡萝卜素、维生素B、维生素C和钙、磷等成分。其营养丰富，为农村人经常食用的瓜菜，并日益受到城市人的重视。南瓜不仅有较高的食用价值，而且有着不可忽视的食疗作用。据《滇南本草》记载：南瓜性温，味甘无毒，入脾、胃二经，能润肺益气，化痰排脓，驱虫解毒，治咳止喘，疗肺痈与便秘，并有利尿、美容等作用。

品味

南瓜发糕是南瓜、面粉等材料制作的一道较为有名的点心食品。口感非常松软，而且有一种面粉制品的特别香味，是早餐的上佳选择。

制作方法

1. 将老南瓜 2000 克去皮、去籽，上笼蒸熟，冷却、待用。
2. 冷却的老南瓜加面粉 1500 克、酵母 50 克、白糖 200 克、奶粉 100 克、黄油 100 克，加水和成面团待用。
3. 蒸盘垫上蒸垫，将和好的面团放入盘内，按平。放入醒发箱，醒发 30 至 40 分钟。
4. 将醒发好的发糕，均匀撒上青红丝，旺火蒸 35 分钟即可。

菜品特点

色泽圆润，入口香甜。

配料		
面粉　1500 克	黄油　100 克	青红丝　50 克
老南瓜　2000 克	酵母　50 克	
奶粉　100 克	白糖　200 克	

南瓜蜜豆卷

营养价值

南瓜含有淀粉、蛋白质、胡萝卜素、维生素 B、维生素 C 和钙、磷等成分。其营养丰富，为农村人经常食用的瓜菜，并日益受到城市人的重视。不仅有较高的食用价值，而且有着不可忽视的食疗作用。据《滇南本草》记载：南瓜性温，味甘无毒，入脾、胃二经，能润肺益气，化痰排脓，驱虫解毒，治咳止喘，疗肺痈与便秘，并有利尿、美容等作用。

红豆有活血排脓、清热解毒的作用，红豆富含维生素 B1、B2，蛋白质及多种矿物质，有补血、利尿、消肿、促进心脏活化等功效。

南瓜蜜豆卷

制作方法

1. 红豆1000克用冷水浸泡10小时，冲洗干净，放蒸箱蒸熟，取出。放白糖600克、蜂蜜100毫升腌制2小时，待用。
2. 南瓜去皮、去瓤、切片，蒸熟。取出，待凉后，放入打蛋机桶内加酵母25克、无铝泡打粉25克加入面粉一起搅拌，和成面团，待用。
3. 取面团，用压面机压成厚0.5厘米、宽30厘米的长方形面片，把腌制好的红豆撒在面片上，用手涂抹均匀，卷成圆形，按扁，卷口朝下。
4. 面团表面刷水，撒上黑芝麻，切成段，放蒸盘内醒发30分钟左右。旺火蒸制20分钟后，取出，待凉；切成5厘米厚片状，即可。

菜品特点

色泽金黄，营养丰富。

主 料	配 料	
面粉　2500克	酵母　25克	蜂蜜　100毫升
南瓜　1250克	无铝泡打粉　25克	黑芝麻　30克
红豆　1000克	白糖　600克	

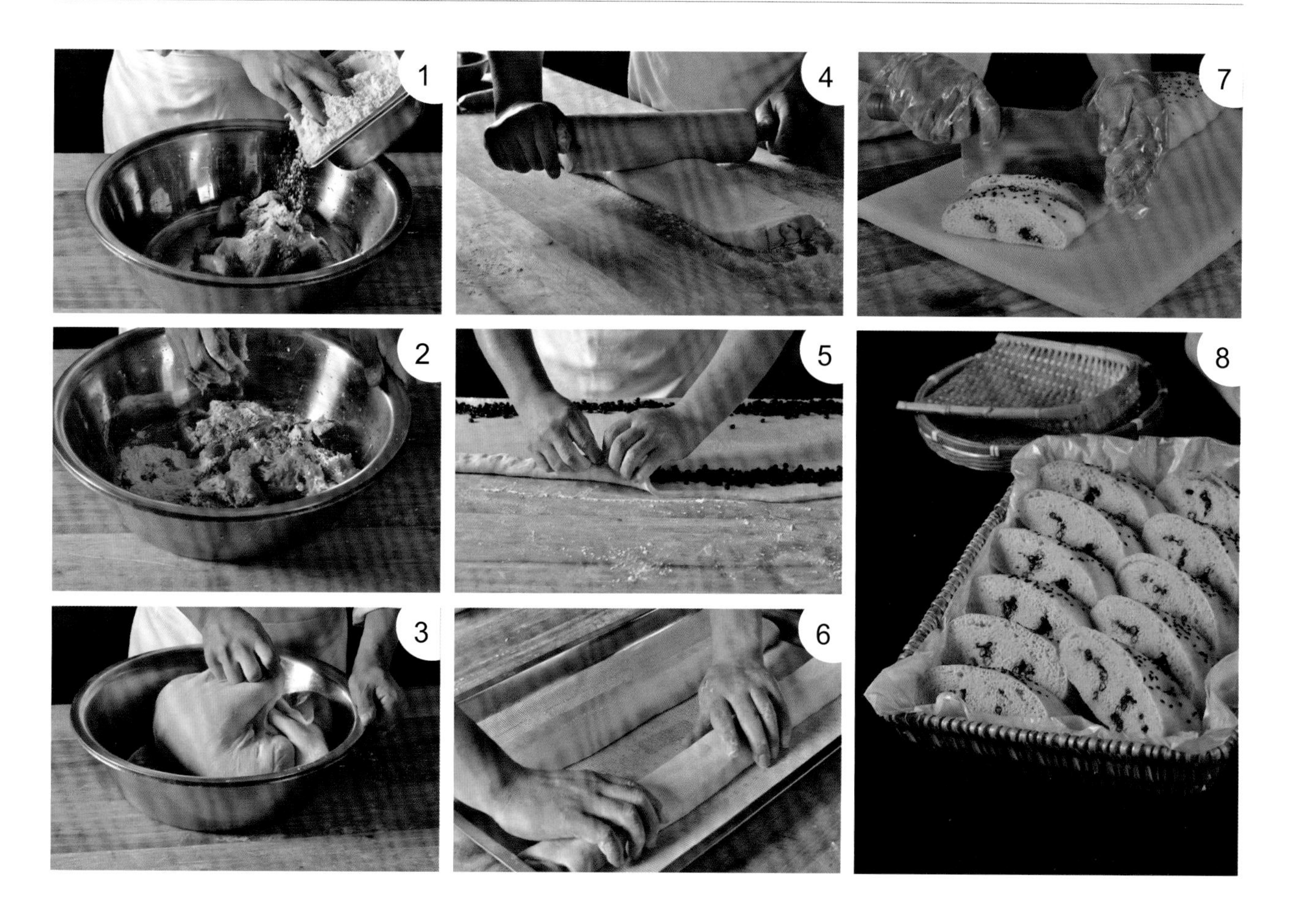

牛肉火烧

营养价值

牛肉提供高质量的蛋白质，含有全部种类的氨基酸，各种氨基酸的比例与人体蛋白质中各种氨基酸的比例基本一致，其中所含的肌氨酸比任何食物都高。牛肉的脂肪含量很低，但它却是低脂的亚油酸的来源，还是潜在的抗氧化剂。牛肉含有矿物质和维生素 B 群，包括烟酸、维生素 B1 和核黄素。牛肉还是每天所需要的铁质的最佳来源。

品味

火烧主要流行于中国北方地区的一种特色传统名吃，产地主要有山东、北京、天津、河北、河南等。主要食材为面粉、鲜肉、花椒。成品色泽金黄，外皮酥脆，内软韧，咸香鲜美。

制作方法

1. 牛肉馅：牛肉末250克加姜末35克、葱末50克、鸡蛋1个、盐4克、味精5克、鸡精3克、胡椒粉3克、白糖4克、老抽15毫升、十三香3克拌和成馅。
2. 发面：面粉650克加泡打粉5克、酵母5克、水和成发面团醒发30分钟，待用。
3. 油面：将色拉油200毫升烧热至160℃，倒入150克面粉中搅拌均匀，即成油面。
4. 将发面团在案板上擀成长方形面皮，抹上油面卷起，分成每个45克剂子，擀成圆形饼皮。
5. 每个饼皮包入25克牛肉馅，做成圆形饼状按扁，摆放烤盘。烤箱调至上温220℃，下温调至200℃烤25分钟，即可。

主 料	调 料		
面粉 800克	葱末 50克	味精 5克	色拉油 200毫升
泡打粉 5克	姜末 35克	十三香 3克	鸡蛋 1个
酵母 5克	胡椒粉 3克	鸡精 3克	水 420毫升
牛肉末 250克	盐 4克	白糖 4克	老抽 15毫升

软麻花

品味

软麻花是一道著名的传统小吃，为塞北人过春节招待客人必备的糕点。其有软、香、甜的特点。制作时面一定要和的软。和面后，多揉并摔打一会儿。炸的时候，要用筷子来回摆动麻花，让麻花稍微松散，以便炸透。

制作方法

1. 将面粉2000克、鸡蛋4个、酵母30克、无铝泡打粉30克、白糖400克、蜂蜜30毫升放在一起和成面团，揉光，分成每个75克剂子。
2. 每个剂子搓成长条状，约80厘米左右并搓上劲。
3. 将搓上劲的长条剂子再两根合并，盘成麻花状。
4. 将盘好的麻花放入托盘中，醒发35至40分钟。
5. 锅内放入色拉油烧至160℃左右，将醒发好的麻花生胚放入锅中，炸至表面呈现黄色，改中火180℃炸至金黄色，即可。

菜品特点

外脆里软，香甜可口。

注意事项

面出条要搓均匀，粗细长短要一致，劲要上足。炸的时候，要用筷子来回摆麻花，以便炸透。

主　料	配　料	
面粉　2000克	酵母　30克	白糖　400克
鸡蛋　4个	无铝泡打粉　30克	蜂蜜　30毫升
豆油　2000毫升	水　650毫升	

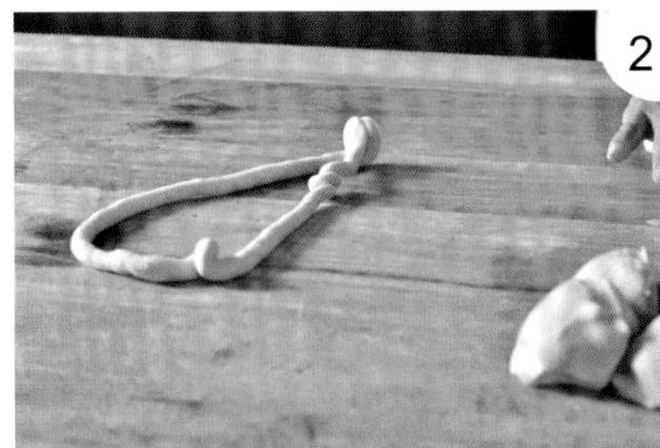

三丁烧卖

营养价值

烧卖，又称烧麦，是一种以烫面为皮、裹馅，上笼蒸熟的小吃。其形如石榴，洁白晶莹，馅多皮薄，清香可口。烧麦兼有小笼包与锅贴之优点，民间常作为宴席佳肴。

烧卖是非常引人喜爱的特色小吃，据说起源于包子。它与包子的主要区别除了使用未发酵面制皮外，还在于顶部不封口，作石榴状。据史料记载：在14世纪高丽(朝鲜半岛古代国家之一)出版的汉语教科书《朴事通》上，就有元大都(今北京)出售“素酸馅稍麦”的记载。该书关于“稍麦”注说是以麦面做成薄片包肉蒸熟，与汤食之，方言谓之稍麦。“麦”亦做“卖”。又云：“皮薄肉实切碎肉，当顶撮细似线稍系，故曰稍麦。”

制作方法

1. 糯米 1500 克洗净、浸泡 8 小时，装盘。放入蒸箱蒸熟，取出、待用。
2. 五花肉 1000 克、香干 300 克、水发香菇 300 克分别切成丁，焯水、待用。
3. 炒锅放入色拉油 300 毫升，烧热，下葱末 100 克、姜末 50 克炒香后放入肉丁炒出油，再加入香干丁、香菇丁，稍炒后加入酱油 15 毫升、盐 50 克、糖 50 克、味精 25 克、鸡精 25 克炒入味。起锅，放入蒸好的糯米饭中，搅拌均匀即制成烧卖馅料。
4. 面粉 800 克加 320 毫升凉水和成面团，待用。
5. 面粉 200 克加 80 毫升开水烫成面团，然后把两个面团揉在一起。揉均匀搓成条，分成每个 30 克剂子，擀成烧卖皮。每个烧卖皮包入制作好的馅心 50 克，捏成荷叶花边形烧卖生胚放入蒸盘，入蒸箱旺火蒸制 15 分钟，即可。

菜品特点

洁白皮薄，软糯鲜香。

皮料	馅料		
面粉　1000 克	糯米　1500 克	葱末　100 克	盐　50 克
开水　80 毫升	五花肉　1000 克	姜末　50 克	白糖　50 克
凉水　320 毫升	香干　300 克	色拉油　300 毫升	味精　25 克
	香菇　300 克	酱油　15 毫升	鸡精　25 克

优芙得大包

营养价值

优芙得大包馅料主要是豆类蔬菜，豆类蔬菜主要包括扁豆、刀豆、豌豆、豇豆等。大部分人只知道它们含有较多的优质蛋白和不饱和脂肪酸（好的脂肪），矿物质和维生素含量也高于其他蔬菜。

豆干中的蛋白质可与鱼肉相媲美，是植物蛋白中的佼佼者。大豆蛋白属于完全蛋白质，其氨基酸组成比较好，人体所必需的氨基酸它几乎都有。

制作方法

1. 将生姜100克切末，大葱选葱白部分300克切末，山芋粉丝500克泡软，切成2厘米段，干香菇50克泡软、切丁，白豆干500克切末，青豆角2000克切成1厘米长粒，焯水、冲凉、沥干水，鸡蛋500克煎成蛋皮，切丁、待用。
2. 猪油500克放入锅中烧至七八成热时，放入姜末、葱白末、辣椒粉30克、香菇丁、白豆干丁炒香、老抽100毫升、胡椒粉10克调味，最后放入山芋粉丝炒匀，起锅。
3. 将炒好的馅料待冷却后，加入青豆角粒、鸡蛋丁拌均匀，加盐35克和成馅料、待用。
4. 面粉1500克加泡打粉10克、酵母8克、白糖15克、水适量和成面团，醒发10分钟至15分钟。
5. 醒发好的面团揪成每个45克剂子，擀成圆形包子皮，分别包入馅心35克，捏成包子形，摆入蒸盘醒发15分钟左右，旺火蒸15分钟即可。

菜品特点

薄皮大馅，香辣爽口。

主　料				
面粉　1500克				
配　料		**调　料**		
青豆角　2000克	葱白切末　300克	猪油　500克	盐　35克	老抽　100毫升
山芋粉丝　500克		辣椒粉　30克	白糖　15克	泡打粉　10克
白豆干　500克		生姜　100克	味精　40克	酵母　8克
干香菇　50克		鸡蛋　500克	鸡精　40克	胡椒粉　10克

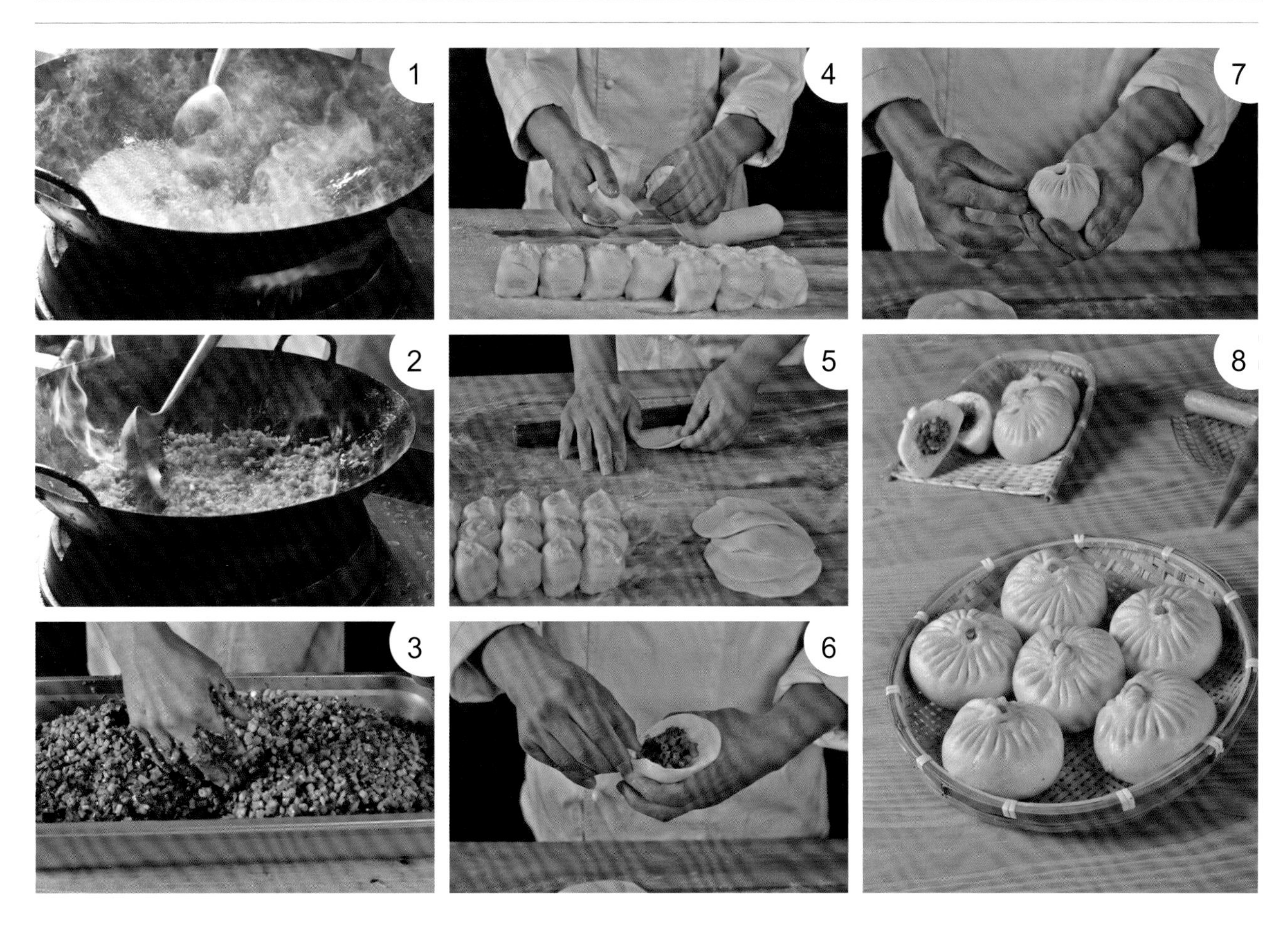

紫薯麻圆

营养价值

紫薯的营养成分含量明显高于普通的红薯，赖氨酸、铜、锰、钾、锌的含量高于一般红薯的 3 ～ 8 倍。长期食用具有降压、补血、益气、润肺、养颜之功效；同时，它属于减肥食品，能够有效预防动脉硬化，紫薯粉和紫薯的功效一样的，比红薯的抗癌物质多二十几倍，而且还具有抗衰老的作用。

制作方法

1. 紫薯 2500 克去皮，上笼蒸熟、冷却。澄面 250 克加开水烫熟，待用。
2. 将冷却的紫薯加烫好的澄面、糯米粉 3000 克、吉士粉 150 克、黄油 250 毫升、白糖 1000 克放一起和成面团、待用。
3. 取和好的面团揪成每个 45 克的剂子，每个剂子包入 15 克豆沙包成球形，表面粘上白芝麻揉圆待用。
4. 锅中放入色拉油，烧至 160℃左右，下入包好的生胚，小火炸至完全浮起，改大火炸至表面金黄色成熟，即可。

菜品特点

松软可口，红糖味浓厚。

配料		
紫薯　2500 克	黄油　250 毫升	豆沙　500 克
糯米粉　3000 克	白糖　1000 克	白芝麻　500 克
澄面　250 克	吉士粉　150 克	

安徽地方特色菜

臭草鱼

臭草鱼视频

营养价值

本菜由徽菜经典名菜臭鳜鱼改良而来，同味不同口感。草鱼含有丰富的微量元素硒，经常食用有抗衰老、养颜的功效，且对肿瘤也有一定的防治作用。对身体瘦弱者、食欲不振的人有开胃、滋补的效用。

主料			
臭草鱼　2500 克			
调料			
鸡精　15 克	白糖　20 克	辣椒酱　80 克	葱段　30 克
味精　15 克	胡椒粉　10 克	老抽　8 毫升	姜片　50 克
黄酒　30 毫升	辣妹子　80 克		蒜粒　100 克

制作方法

草鱼宰杀洗净后，在鱼背部打花刀，按 2500 克鱼加盐 2500 克后，码入木桶中。室内湿度保持在 22 ~ 23℃，腌制发酵 7 天，腌制 3 天时翻一下，将木桶底部放在上面即可。

臭鲢鱼

臭鲢鱼视频

营养价值

本菜是由徽菜经典名菜臭鳜鱼改良而来，同味不同口感。鲢鱼味甘性温，可以暖胃补虚、化痰平喘。适合体质虚弱、脾胃虚寒、营养不良之人食用。

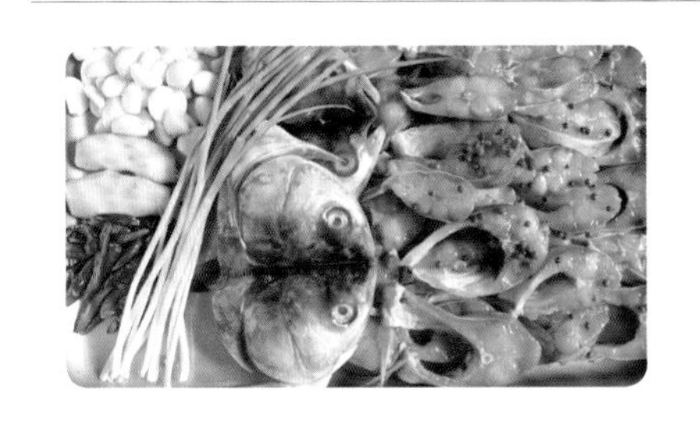

主料			
臭鲢鱼 2500克			
调料			小料
鸡精 15克	白糖 20克	辣椒酱 80克	葱段 30克
味精 15克	胡椒粉 10克	老抽 8毫升	姜片 50克
黄酒 30毫升	辣妹子酱 80克		蒜粒 100克

方法

鲢鱼宰杀洗净后，在鱼背部打花刀，按2500克鱼加盐2500克后，码入木桶中。室内湿度保持在22～23℃，腌制发酵7天，腌制3天时翻一下，将木桶底部放在上面即可。

茼蒿炒笔管鱼

营养价值

笔管鱼又叫海粉丝，富含营养物质。据测定，其干品含蛋白质32%、脂肪9%、盐分12%。中医认为，其性味甘、咸、寒，入肝、肺经，具有滋阴、明目、清热、止咳等功效。笔管鱼味鲜美，入馔可炸、炒，亦可煲汤，和冰糖同炖，可作夏季清凉解暑饮料。

主　料	配　料
笔管鱼　2500 克	茼蒿　2500 克
调　料	**小　料**
花生油　2000 毫升	蒜末　50 克
盐　20 克	
味精　10 克	

青椒白米虾

营养价值

白米虾含有丰富的镁，可以很好地保护心血管系统及扩张冠状动脉，预防高血压及心肌梗死。

主料		配料
白米虾　3000 克		青椒　2000 克
调料		小料
大豆油　2000 毫升	黄酒　200 毫升	生姜　200 克（切片）
盐　100 克	米醋　50 毫升	蒜子　100 克（切片）
味精　150 克		葱　100 克（切段）

青椒白米虾

干扁豆烧排骨

营养价值

干扁豆健胃养肾，清热解毒，还可以解暑化湿。

主　料		配　料
排骨　3500 克		干扁豆　1500 克
调　料		小　料
大豆油　400 毫升	黄酒　200 毫升	生姜　200 克（切片）
盐　100 克	老抽　100 毫升	蒜子　200 克
味精　150 克	自制香辣酱　300 克	葱末　50 克

干扁豆烧排骨

干豆角烧肉

营养价值

干豆角是一种营养丰富的菜品，能为人体提供大量蛋白质和碳水化合物与维生素。人体吸收这些成分能有效提高身体各器官机能，减少疾病的发生。

主料		配料
五花肉　2500克　切块		干豆角　750克
调料		小料
盐　20克	料酒　10毫升	葱　200克（切段）
味精　20克	酱油　20毫升	姜　200克（切段）
白糖　20克	色拉油　50毫升	蒜子　50克（切段）

干笋烧肉

营养价值

干笋含有丰富的蛋白质、氨基酸、脂肪、糖类、钙、磷、铁、维生素 B1、维生素 B2、维生素 C。干笋的蛋白质比较优质，以及在蛋白质代谢过程中占有重要地位的谷氨酸和有维持蛋白质构型作用的胱氨酸，都有一定的含量，为优良的保健蔬菜。

主料			配料
三层五花肉　2500 克　切块			干笋　2500 克（切段）
调料			小料
盐　25 克	老抽　35 毫升	桂皮　10 克	小葱　20 克（切段）
鸡精　20 克	排骨酱　1 瓶	黄酒　100 毫升	生姜　35 克（切片）
冰糖　30 克	八角　15 克		

蒜蓉酱蒸肉

营养价值

猪肉的蛋白质属优质蛋白质，含有人体全部必需氨基酸。猪肉富含铁，是人体血液中红细胞的生成和功能维持所必需的。猪肉是维生素的主要膳食来源，特别是精猪肉中维生素 B1 的含量丰富．

主　料			配　料
里脊瘦肉　3500 克（切片）			白干　1500 克（切片）
调　料			小　料
食盐　20 克	黄酒　20 毫升	食用油　50 毫升	蒜子　500 克（切末）
味精　15 克	淀粉　30 克		红椒　200 克（切粒）
白糖　10 克	辣椒酱　50 克		香葱　20 克（切末）

雪菜冬笋炒肉丝

营养价值

食用冬笋能帮助消化和排泄，起到减肥预防大肠癌的作用。冬笋品质佳，含有丰富的胡萝卜素、维生素 B1、维生素 B2、维生素 C 等，与雪菜炒在一起，增加了冬笋的美味。

主料		配料
雪菜　2000 克（切丁）		冬笋　1500 克
		青红椒丝　500 克
		肉丝　1000 克
调料		**小料**
盐　10 克	料酒　10 毫升	干辣椒　5 克（切段）
味精　20 克	酱油　20 毫升	姜末　5 克
白糖　20 克	色拉油　100 毫升	蒜子　5 克

雪菜冬笋炒肉丝

马兰头蒸腊肉

营养价值

马兰头能清热止血，有抗菌消炎作用。适用于急性肝炎、咽喉、扁桃体炎的患者食用。马兰头药用价值和食用价值都非常高。

主料		配料
腊肉　2000克（切片）		马兰头　3000克
调料		小料
猪油　150克	胡椒粉　20克	生姜　250克（切片）
盐　50克	鸡精　50克	小葱　250克（切段）
老抽　50毫升		

马兰头蒸腊肉

坛头菜烧臭豆腐

营养价值

以前，臭豆腐被认为是一种不健康的食物，不过经过研究后发现，臭豆腐可是具有营养价值和抵抗疾病功效的美食，经常吃臭豆腐可是有好处的。尤其是最近一段时间发现臭豆腐富含植物性乳酸菌，具有很好的调节肠道及健胃功效。

坛头菜：具有化痰止咳，消食，通便，聪耳，明目的作用。

主料		配料
臭豆腐　3500 克（切片）		坛头菜　1500 克
调料		小料
盐　10 克	色拉油　300 毫升	香葱　50 克（切段）
鸡精　30 克	干辣椒段　5 克	生姜　50 克（切段）
糖　10 克		

坛头菜烧臭豆腐

银牙榨菜肉丝

营养价值

- 豆芽中含有丰富的维生素C，可以治疗坏血病；
- 豆芽还有清除血管壁中胆固醇和脂肪的堆积、防止心血管病变的作用；
- 绿豆芽中还含有核黄素，适合口腔溃疡的人食用；
- 豆芽还富含膳食纤维，是便秘患者的健康蔬菜，有预防消化道癌症的功效；
- 豆芽的热量很低，而水分和纤维素含量很高，常吃豆芽，可以达到减肥的目的。

主　料	配　料
银牙　2500克	榨菜　1500克　肉丝　500克
调　料	**小　料**
盐　135克	生姜　20克（切丁）
味精　60克	蒜子　20克（切丁）
干辣椒　40毫升	小葱　250克（切花）

蜀王餐饮投资控股集团有限公司于 1993 年创建，已荣获“中国餐饮百强企业”“中国团膳集团十强企业”和“中国餐饮业十大团膳品牌金奖企业”等称号。

现发展为一个集专业团膳管理、集团配餐、川味火锅、中式正餐、食品加工配送和物业管理的多元化连锁服务集团。2000 年，涉足团膳业，作为快餐行业的一种形式，是蜀王集团近年快速发展的餐饮业态之一。现在北京、上海、安徽、湖北、山东、江苏、浙江、广东、河北、河南、山西、黑龙江等地开设子（分）公司，为华为、GE、腾讯、碧桂园、OPPO、商飞、海尔、伊利、联想、德国博世、ABB、京东方、大陆马牌、科大讯飞、中国农业银行、中国建设银行等近 400 家国际、国内大型企业、学校、医院、银行、国家机关单位提供专业团膳服务，服务人数每年不少于 2 亿人次。

蜀王集团旗下品牌

我们的客户

HUAWEI

COUNTRY GARDEN 碧桂园

oppo

H3C

安科生物
ANKEBIO

SITC
東方萬國企業中心

中國東方航空
CHINA EASTERN

恒生銀行
HANG SENG BANK

Continental
马牌轮胎

COMAC
中国商飞

COMAC
中国商飞

BOSCH

BOE

伊利

ABB

科大讯飞
iFLYTEK

后记

“中国大锅菜”系列丛书南方卷终于和您见面了。这是团餐与大锅菜专业委员会、蜀王集团、北京大地亿仁餐饮管理有限公司，以及为此共同付出心血和汗水的烹饪大师、集团员工、责任编辑，有关影视、美术、文字方面的同道中人共同努力的成果。在此，向大家表示衷心的感谢！

我们编撰“中国大锅菜”系列丛书的初衷，就是要把中国的餐饮文化发扬光大，让中国菜的烹饪技艺得以普及。不仅要让餐饮同行能从中受益，起到相互交流的作用，而且也让普通百姓能找到自己喜欢的菜品，照书学做。因此为大家编出有地域特色的南方卷。以便来个南北交流，美味共享。

这一想法得到了蜀王集团总裁孔健女士的全力支持。为了与同行一起将中国的餐饮事业不断推向更高的水平，孔健女士不惜将自己集团研发的具有南方特色的菜品工艺全部贡献出来，公布于世，让同行借鉴、让大家分享。并为此在精力、财力上都投入很大。这一善举充分展现了她胸怀的宽广和坦荡。在这里，我向孔健总裁表示崇高的敬意！

在社会各界的支持鼓励下，“中国大锅菜”系列丛书得以不断问世，这给了我们极大的信心。下一步我们将按照当初的设计，与蜀王集团合作，继续编撰出版《老年营养餐》《中小学生营养餐》。让“中国大锅菜”系列丛书，为团餐业起到无空缺的护佑作用。

谢谢大家！

本书其他菜谱制作视频如下：

地皮菜炒鸡蛋

徽式臭干煲

鸡汁爆米花丸子

绩溪炒粉丝

酱汁猪蹄

金牌猪手

韭菜小炒藕丝

马兰头蒸腊肉

毛豆腐

年糕鸡柳

茄汁毛圆

肉沫浸油果

雪菜冬笋肉丝